浪花朵朵

看星星

[加] 萨拉·吉林厄姆 著　　张涵 译

CNS | 湖南美术出版社

·长沙·

献给曾和我一起
在济慈岛享受星空之美的奶奶埃塞尔·吉林厄姆，
以及与星星同在的埃利斯·加特纳。

亲爱的读者：

　　人们把明亮的星星分成一组一组的，再想象出一些细线将组内的星星连在一起，构成某种图案，这样就创立了一个个星座。夜空中的这些图案激发了人们的创作灵感，几千年来，星座的故事一直在流传。本书将介绍这些星座，讲述它们的故事。

　　你将从书中了解由国际天文学联合会（International Astronomical Union, IAU）定义的88个星座。但是，国际天文学联合会并没有提供将星座中的星星连起来的"官方"方法，也没有给出与之匹配的"正确"图案。因此，我决定按照最常见的方法连出星座的形状，并尽可能让我绘制的那些人物、动物和其他物体，与星座的形状相似。这样，你在阅读过程中很容易就能记住它们，并在夜空中将它们识别出来。

　　星座图案有很多视觉上的解释，同样地，与星座有关的故事也很多。我选择了其中最著名或最有趣的神话传说，但是你肯定还能发现很多其他的故事！

　　我希望通过这些图案和故事，将星座介绍给你，并希望它们能够激励你，就像几千年来它们一直激励着讲故事的人和艺术家一样。

　　在仰望星空的时候，我喜欢想象那些在流逝的时间中和我仰望同一片天空的人，想象着有不计其数的细线，就像那些把星星连在一起、组成星座的细线一样，正在把我们所有人连在一起。

萨拉·吉林厄姆

致谢

　　与星座的构成一样，这本书的出版也离不开一群闪亮的明星：

　　资深编辑玛雅·加特纳，感谢你杰出的指导和贡献。

　　艺术总监梅根·班尼特，感谢你为本书的艺术设计做出的不懈努力。

　　天文学家保罗·默丁，感谢你在专业知识上提供的指导和咨询服务。

　　发行人塞西莉·凯泽，感谢你富有远见的支持。

　　设计师米歇尔·克莱门特，感谢你在绘制星图时提供的重要帮助。

　　制作专家丽贝卡·普莱斯和伊莱恩·沃德，感谢你们让这本书大放光芒。

　　特别感谢以下参与了本书审校工作的顾问老师们：珍妮·艾利森·杨，人类学副教授克雷格·坎贝尔，古典、近东和宗教研究院副教授J. R. C. 库斯兰德，古典阿拉伯语讲师塞米·加齐，易卜拉欣·阿提夫·萨克尔，天文学副教授迈克尔·里德。

目　录

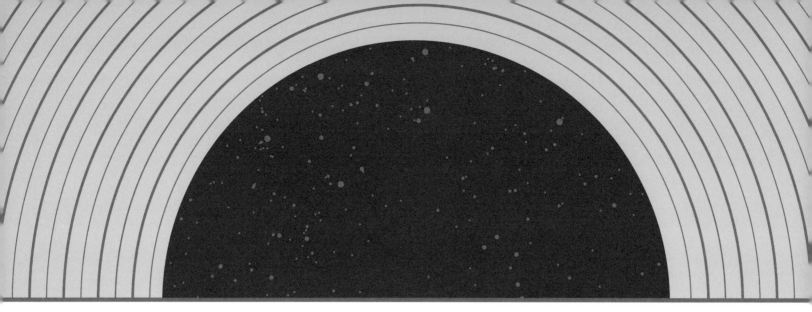

前言：观察天空中的图案

星星和它们的故事

想象一下，现在是夜晚时分，你正在乡下，四周没有发出光亮的路灯和车灯，也没有亮着灯的高楼大厦。天太黑了，周围什么都看不见。而当你抬头仰望夜空，却见到星光闪烁。有些星星特别明亮，有些星星聚在一起组成有趣的图案。在继续观察星星的过程中，你会发现有些图案像你很熟悉的事物。有的像个钩子，有的像把大勺子。这些图案可能会让你想起听过的某个故事，也可能会启发你去创作自己的故事。

古时候，世界各地的人们夜复一夜地仰望星空。渐渐地，他们看到了夜空里的图案。在一片夜空里，有些人看到了一组明亮的星星，它们连起来就像一条鱼；在另一片夜空里，他们看到了另一组星星，连起来像一头直立的熊。这些观星者从星星中看到的人物、动物和其他物体，让他们想起听到的故事和传说。在不同的文明中，人们创作的故事也不同。这些故事在家人、朋友和村庄之间流传，并代代相传。在传播过程中，人们会在其中添加各种各样的细节。有时候故事会被改编，有时候会变得完全不同。最终，有人决定画出这些图案，写下这些故事。如今我们知道，这些天空中的图案就是星座！

* * *

星座是什么？

一个星座是由一组明亮的星星组成的图案，要想象一些细线将这些星星连了起来，就像在玩"连点成画"的游戏一样！

很多文化里都有自己的星座，现在官方确定的88个星座是从古希腊文明和后来的欧洲文明传承而来的。如今，世界各地研究星星的科学家都使用这一套星座体系。这些科学家被称为天文学家，星座可以帮助他们在夜空中找到方向。星座还讲述着关于动物、人物和其他物体的故事，这些故事已经流传了几千年。比如，有的星座讲述了一艘船载着一群英雄穿行在一片危险的水域，去寻找一份没有人相信能找到的神秘宝藏。还有的星座描绘了一条

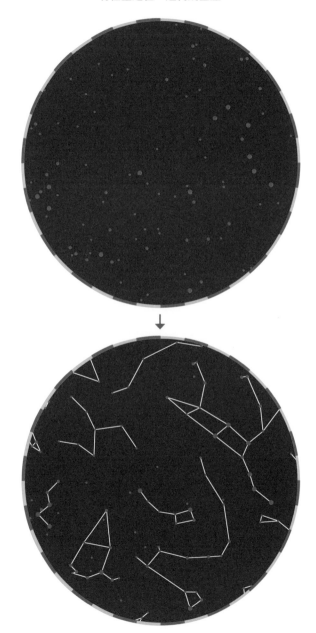

将恒星连在一起构成星座

龙，它守护着一棵苹果树，树上的果实能让人永生。星座中不仅仅有星星，还有许许多多的故事！

* * *

谁创立了88个星座？

讲故事的人和航海家们在数千年前就已经知道并开始利用这88个星座了。但是直到2300多年前，一位名叫欧多克索斯（Eudoxus）的古希腊天文学家才将它们记录下来。之后一位名叫阿拉托斯（Aratus）的古希腊诗人根据欧多克索斯的作品写下了诗歌《物象》（*Phaenomena*）。几百年后，一位名叫托勒密（Ptolemy）的古罗马天文学家在他的著作《天文学大成》（*Almagest*）中列出了星座中所有的恒星，并绘出了这些星座的图案。托勒密的星表是如今科学家所使用的官方星座体系的基础。

几百年后，在数千公里外的波斯，一位名叫苏菲（al-Sufi）的天文学家将托勒密的书翻译成了阿拉伯语，并补充了他自己的观察发现。苏菲的著作中不仅包含星座的插图，还添加了阿拉伯语星名。他的观测方法在当时非常先进，因此全世界都开始采用这一体系。这部作品的手抄本在欧洲流传了数个世纪之后，被翻译成拉丁语。当时，拉丁语是科学家用于分享研究成果的通用语言。因此，一些星座和恒星的英文名称中至今仍保留着希腊语、阿拉伯语和拉丁语单词！

在托勒密和苏菲生活的时代，他们还无法前往遥远的南方去观测南**半球**上空的星星。直到数百年后，来自意大利、法国、荷兰和波兰的探险家们开始探索南半球海域时，南天的星星才逐渐进入了人们的视野，于是新的星图也被绘制出来。

　　400多年前，望远镜被发明出来，天文学家能看到的**天体**比以往更多了。大量的恒星得以被"发现"，而它们都需要名字。天文学家们用不同的方式给它们命名，星座体系开始变得有些混乱。1922年，一群来自世界各地的天文学家（被认为是国际天文学联合会）觉得是时候为全球所有的天文学家绘制一份官方的星图了。他们确定了88个星座，就像在世界地图上为各个国家标记边界一样，将天空划分为88个部分，每个部分都以其中的星座命名。

　　如今，天文学家仍然使用星座的名字来指代天空中这一星座所在的那片区域。

✳　　✳　　✳

如何使用这本书

　　这本书会告诉你如何识别和辨认天空中的88个星座，还会将它们背后的故事讲给你听！对于每个星座，你都会看到它的星星连点

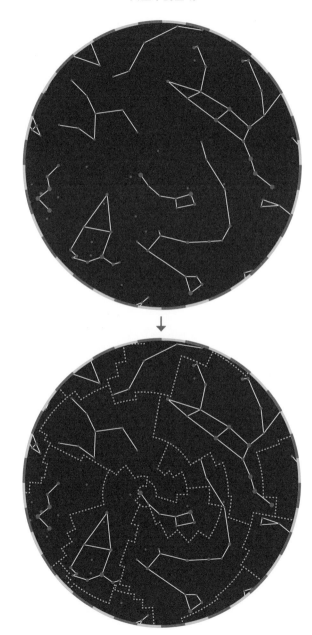

天空中的区域

成线后组成的形象，一幅它在天空中相对其他星座位置的星图，以及这个星座所代表的人物、物体或动物的插图。你可能会注意到，有些星座在插图中和在星图中的朝向不同，这是因为这样画可以让你从正面欣赏它们！此外，书中还介绍了星座的其他信息，比如什么时候最容易看到某个星座，以及星座中包含了哪些重要的恒星或**星群**。

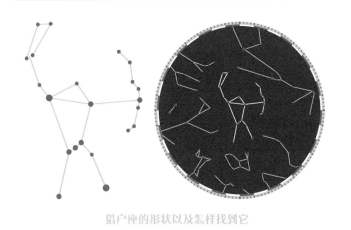

猎户座的形状以及怎样找到它

本书分为两个部分，这样你就可以知道哪些星座非常古老（源自几千年前），哪些创立于"现代"（15世纪到17世纪的地理大发现时代）。书后还附有一些可以帮助你进行观星活动的有用资源，以及解释书中用黑体标出的专业词汇的术语表。我相信，你对星座的形状和它们背后的故事了解得越多，在天空中看到它们的时候，就会越开心！

✳   ✳   ✳

星群是什么？

一个星群是构成某种图案的一组星星，通常（但并非总是）分布在一个星座内或是某个星座的组成部分，但它们未被国际天文学联合会正式承认。有些人认为北斗星是一个星座，但实际上它是一个星群，是大熊座的一部分。

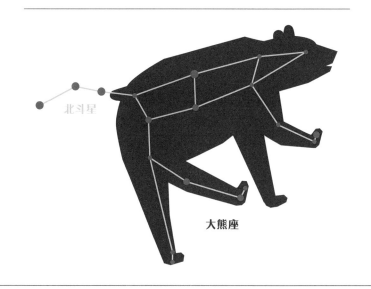

北斗星

大熊座

并非所有的文化都承认相同的星群，所以它们的名字和形状在不同的文化里也会有所不同。

* * *

注意那些亮星

夜空中的星星看起来并不一样，有些星星很亮，有些很暗。恒星在天空中的亮度取决于它与地球的距离及其本征光度。天文学家用"星等"（指视星等）来表示恒星的视亮度。星等值越大，恒星越暗；星等值越小，恒星越亮。正因为如此，本书中画出的星星有着不同的大小。连点成画的示意图中用三种不同大小的圆点来表示它们的视亮度（天文学家们会使用更多的亮度等级，你将在后面的星图中

发现这一点）。最大的圆点代表最亮的星星，大小居中的圆点代表较亮的星星，最小的圆点代表暗淡的星星。在寻找一个星座时，最简单的方法就是首先寻找其中最亮的星星。在绘制的人物、动物和物体的整页插图中，最亮的那颗星的光芒被绘成了特殊形状，这样你就知道该注意哪颗星星了。

最亮的星星

你知道吗？太阳也是一颗星星。它是我们在地球上能看到的最亮的恒星。它非常明亮，所以等它落山后，我们才能看到天空中的其他恒星。本书中星等值小于1.5的恒星，是天空中的亮星，在插图中用星芒表示，如下图。

你可能会注意到，有一些恒星，如"虚宿一"，有多个名字。这是因为这颗恒星按照中国古代的星官体系有着自己的名字——虚宿一，但它也有一个源自西方历史的星名——Sadalsuud，以及用**拜耳恒星命名法**命名的官方星名——宝瓶座β。在这本书中，没有历史名称的恒星会使用拜耳命名法来标注。

✳ ✳ ✳

可以看到哪些星座？

观星之前，你需要知道你所能看到的星座取决于你所在的位置——特别是你在哪个半球以及现在的时节。**赤道**是一条假想的线，把地球分成了两个部分：赤道以北的部分叫作北半球，赤道以南的部分叫作南半球。美国、欧洲的所有国家、中国等国都位于北半球。位于南半球的地方包括澳大利亚、新西兰、南美洲大部分国家、非洲南部国家以及周围的许多岛国。如果你住得太靠北，就无法看到南天星座，反之亦然，除非你旅行到能看到那些星座的地方。在世界上的大多数地方，都可以看到排列在地球中部上空的**赤道带星座**。

由于地球绕地轴自转，并绕太阳公转，有些星座全年都可以看到。因为它们在视觉上就好像是在天顶运动，所以叫作**拱极星座**（意思是它们位于南北天极附近）。在北半球的中**纬度**地区，能看到的拱极星座有小熊座、仙后座、仙王座、天龙座、大熊座和鹿豹座。在南半球的中纬度地区，能看到的拱极星座有南极座、天燕座、蝘蜓座、山案座等。有些星座只在特定的季节才能看到，比如在北半球，你通常只能在冬天看到猎户座。

"怎样找到它"这一部分记录的是在哪些月份你可以在夜晚9点左右看到某个星座，不过星座在天空中出现的时间会因你所在位置的不同而提前或延后。

书后所附的星图会告诉你，在一年中的不同季节里各个星座的位置。

* * *

观星

观星的最佳天气条件是晴朗的夜晚。满月会遮蔽星光，所以最好等到新月或没有月亮的时候再去看星星。

观赏星星和星座的最佳地点是郊外，因为高楼和汽车的灯光会使星星很难被看到。如果你住在城市里，可以试着找一个附近没有太多光线的地方。比如不要在路灯下观星。花大约15分钟的时间让你的眼睛适应黑暗，接着你就能看到更多的星星了。在城市中，阳台、屋顶或者大公园的中央都是观星的好地方。有些城市还有专门用来观星的**天文台**。

星星不仅看起来美丽，自古以来，它们还在很多领域都起到了非常重要的作用。在地图和GPS出现之前，水手和旅行者们利用星星进行导航，寻找环游世界的方向。在日历出现之前，人们利用星星预测季节，这样在耕种时就不会误农时。在电影和互联网出现之前，甚至在印刷书籍出现之前，星星构成的图案和形状，为处在不同文化中的人们提供了一种传承、创作故事与传说的方式。

虽然众多星座都有了属于它们自己的故事，但这并不意味着结束！这些有着数千年历史的故事，仍然可以发展和变化。你也可以探索恒星的秘密和历史，让自己成为故事的一部分。你需要做的只不过是抬起头来，仰望星空！

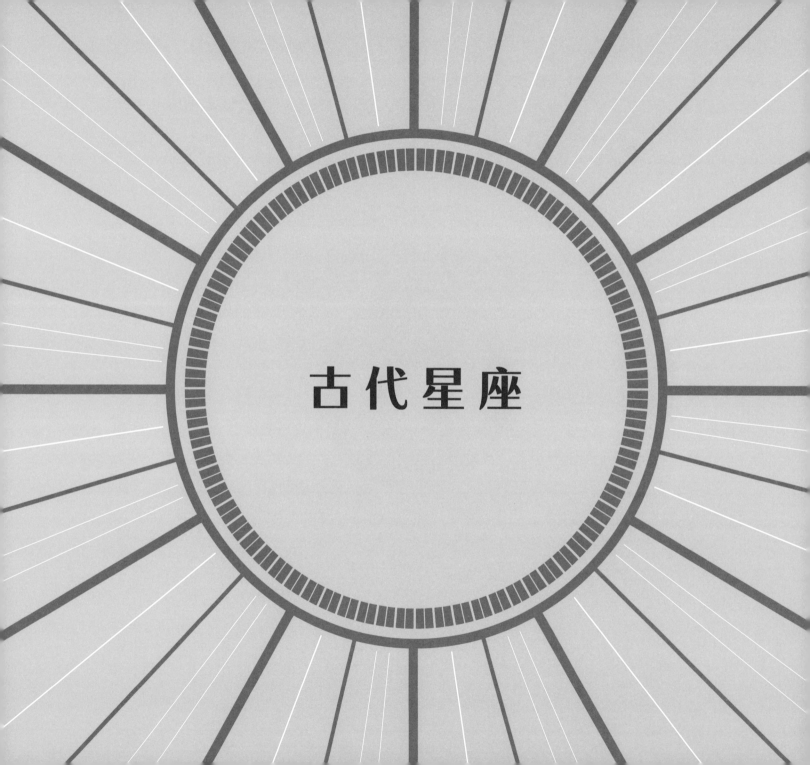

古代星座

数千年前，就有文明创造了星座这一概念，当时的天文学家们也做了相关记录。公元 140 年前后，古罗马数学家、地理学家和天文学家克罗狄斯·托勒密编纂了《天文学大成》一书。书中按喜帕恰斯（Hipparchus）星表列出了恒星和它们所属的星座。托勒密出生于埃及，他的父母都是希腊人。这就是为什么他搜集的故事中包含了许多源自古希腊的人物和传说。在编纂《天文学大成》的时候，托勒密还研究了古巴比伦王国以及古苏美尔文明的文献。这两个古老文明大致位于今天的伊拉克和科威特境内，那里的人们曾对研究恒星表现出了很大的兴趣。

接着，在数百年后，生活在波斯（今伊朗）的天文学家苏菲对托勒密的工作进行了研究和补充。他的著作《恒星之书》（*The Book of Fixed Stars*）包含了星座插图和阿拉伯语星名。在著书过程中，他遇到的一项挑战是托勒密在书中并没有提到多少恒星的名字，而是仅仅对它们进行了描述，例如，"一条直线上的三颗亮星构成了手臂"。苏菲对这些恒星进行了命名，并记录了它们的星等。恒星星等的数值越低，这颗恒星就越亮。他的方法和观测结果曾在世界各地被广为使用。

托勒密和苏菲共记录了 48 个星座，它们是今天天空中最古老、最著名的星座。我们将其称为"古代星座"。接下来，你将通过"黄道星座"和"神话与传说"这两部分来了解这些古代星座。

黄道星座

黄道星座是排列在地球上空一个叫作"黄道"的圆环上的13个星座。黄道就是从地球上看太阳一年移动的路径。每年，地球都会围绕太阳公转一圈，在这一过程中，我们会依次看到不同的黄道星座。根据天空中出现了哪些星座，我们就能大概知道现在是几月。就这样，黄道星座帮助了众多古代文明的人们创造出他们最初的历法。这些星座的图案大部分是动物，而"黄道带"这个词在古希腊语中的意思就是"动物组成的圆环"。对古希腊人来说，黄道星座的故事通常都会帮助人们思考要如何在生活中做出他们认为正确的选择。

在人们谈论生辰星座和**占星术**的时候，你可能听到过"黄道"这个词。黄道星座中有12个是占星星座，蛇夫座不包括在内。这些内容属于占星术的范畴，相信占星术的人认为恒星和行星是影响我们生活的强大力量。但是占星术其实是人们基于对黄道星座的认识而形成的对恒星和行星的非科学研究。与**天文学**不同，占星术不是一门科学！

宝瓶座

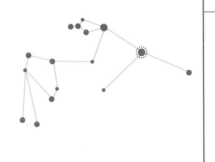

宝瓶座是全天最大、最古老的星座之一。其星座图案是一个拿着某样东西的人。

怎样找到它

宝瓶座的最佳观测时期是九月下旬到十二月，你可以在地球上所有有人居住的地区看到它。

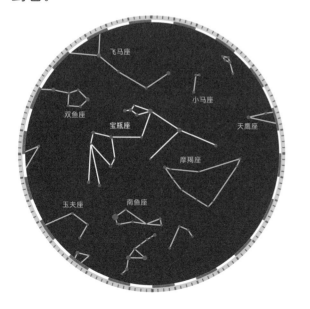

飞马座

小马座

双鱼座

宝瓶座

天鹰座

摩羯座

玉夫座

南鱼座

历史故事和神话传说

宝瓶座的英文名称Aquarius，在拉丁语中意为"水"或"送水人"，宝瓶座也被称为水瓶座。虽然很多古老的故事都与这个星座有关，但其中最著名的还是英俊的希腊王子伽倪墨得斯的故事。在古希腊神话中，伽倪墨得斯被认为是全世界最美的男子，他的美貌在世间广为传扬。有一天，过着平静生活的伽倪墨得斯在牧羊时被一只鹰抓走了。他被带到了**奥林匹斯众神**的统治者**宙斯**那里，宙斯让他为众神倒酒。代表那只鹰的是邻近的天鹰座。

倒水的人

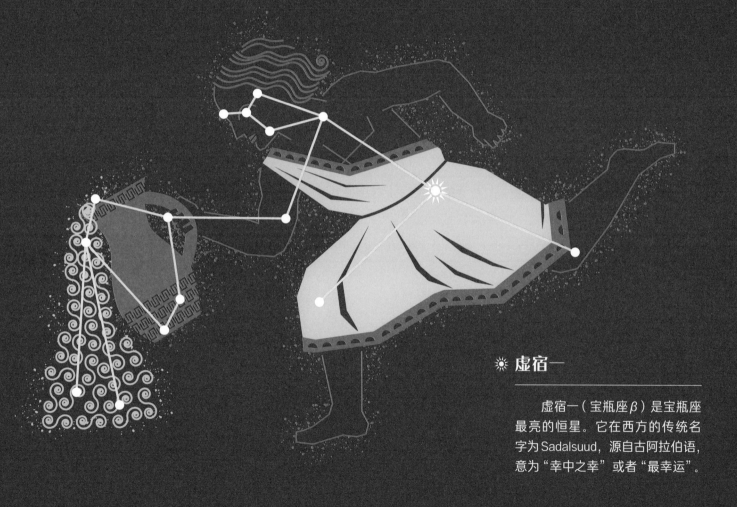

☀ **虚宿一**

虚宿一（宝瓶座β）是宝瓶座
最亮的恒星。它在西方的传统名
字为Sadalsuud，源自古阿拉伯语，
意为"幸中之幸"或者"最幸运"。

白羊座

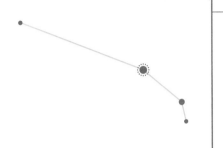

白羊座是中等大小的星座，其星座图案是一条微微弯曲的线。

怎样找到它

白羊座的最佳观测时期是九月下旬到十二月下旬，你可以在地球上所有有人居住的地区看到它。

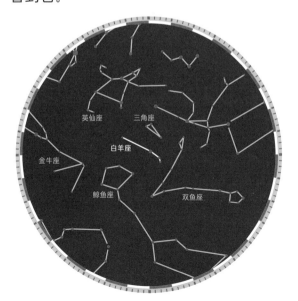

历史故事和神话传说

白羊座，英文名称为 Aries，在拉丁语中意为"公羊"。在希腊神话中，一位名叫佛里克索斯的年轻王子即将成为众神的**祭品**时，他的母亲便派了一只身披金羊毛的的公羊把他带到了安全的地方。佛里克索斯对此非常感激，便把这只公羊献祭给了宙斯。公羊的金羊毛作为宝物被看守了起来，没有人能拿走它。许多年后，伊阿宋 —— 一位被他的叔叔夺走了王位的王子，驾驶着他的阿尔戈号快船展开了一场寻找金羊毛的史诗般的冒险，以此证明他有实力登上王位。在船上诸位英雄的帮助下，伊阿宋克服了很多困难成功带回了金羊毛，而后成为合法的国王。

公羊

※ **娄宿三**

娄宿三（白羊座 α）是白羊座最亮的恒星。它的名字 Hamal 源自阿拉伯语，意为"公羊的头"。

巨蟹座

　　巨蟹座是中等大小的星座，呈Y字形。根据观测时间的不同，这个Y字形有可能会发生倾斜或颠倒。

怎样找到它

　　巨蟹座的最佳观测时期是三月下旬到六月，你可以在地球上所有有人居住的地区看到它。

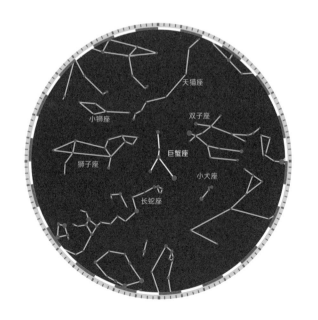

历史故事和神话传说

　　巨蟹座，英文名称为Cancer，是最暗淡的黄道星座。在希腊神话中，它的星座故事也微不足道。这只螃蟹只在伟大的英雄赫拉克勒斯（他的罗马名字是赫丘利）的故事中短暂出现过。赫拉克勒斯是宙斯的儿子，曾经犯下可怕的罪行。为了赎罪，他必须完成十二项任务。他的第二项任务是消灭一条叫海德拉的九头蛇。海德拉是宙斯的妻子赫拉最喜欢的水怪。就在赫拉克勒斯将要获胜的时候，赫拉派出了一只巨大的螃蟹来袭击他。不过，以力大无穷而闻名的赫拉克勒斯轻而易举地用脚踩死了这只螃蟹。后来，这只螃蟹被赫拉升上了天空以奖励它为自己效劳。

螃蟹

☀ **柳宿增十**

柳宿增十（巨蟹座 β）是巨蟹座最亮的恒星。它的名字 Al Tarf 源自阿拉伯语，意为"末尾"。

摩羯座

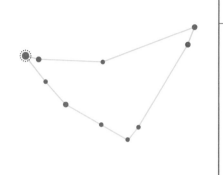

摩羯座是中等大小的星座，其星座图案是一个不规则的三角形。

怎样找到它

摩羯座的最佳观测时期是六月下旬到九月，你可以在除北半球最北端之外的地区看到它。

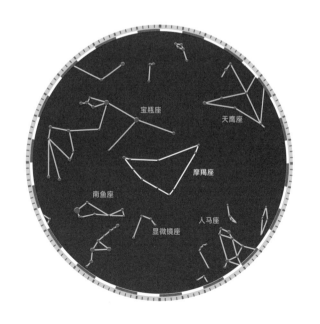

历史故事和神话传说

摩羯座，英文名称Capricornus，意为"海山羊"，"羯"在汉语中也是"羊"的意思。它的前腿和头为山羊的形象，身体则是鱼。在希腊神话中，海山羊象征着守护牧羊人、猎人和野生动物的神——潘（Pan）。潘神是半羊半人的形象，希腊人称他为**萨梯**或农牧之神。"Panic（恐慌）"这个词就源自潘神，因为他可以用他那巨大的鼻息声吓唬人。他还发明了用芦苇制成的管乐器排箫。在希腊神话中，可怕的怪物提丰计划推翻众神之时，潘对众神发出了警告。在逃离的时候，潘跳进了河里，身体的一部分变成了鱼。他以海山羊的形象变成了摩羯座。

海山羊

☀ **垒壁阵四**

　　垒壁阵四（摩羯座δ）是摩羯座最亮的恒星。它的名字 Deneb Algedi 源自阿拉伯语，意为"山羊尾"。

双子座

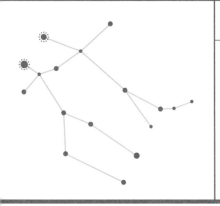

位置：北半天球

双子座中等大小，它有很多亮星，人们不需要借助望远镜就能看到它们。双子座的恒星构成了两个手牵手的人形！

怎样找到它

双子座的最佳观测时期是十二月下旬到三月，你可以在地球上所有有人居住的地区看到它。

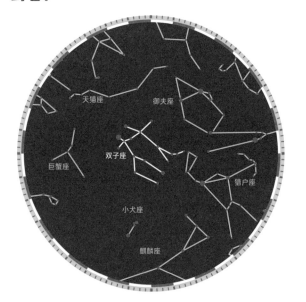

历史故事和神话传说

双子座中的双胞胎是希腊神话中斯巴达王后勒达的儿子卡斯托尔和波吕克斯。波吕克斯的父亲是神，所以波吕克斯是**不朽者**，可以永生不死。但卡斯托尔的父亲是一名**凡人**，因此卡斯托尔也是一名凡人。卡斯托尔是一名强壮的战士和骑手，而波吕克斯是一名天才的拳击手。这对双胞胎是最好的朋友，也是一对英雄。他们与伊阿宋和其他英勇的船员们一起登上了著名的阿尔戈号，去寻找金羊毛。卡斯托尔和波吕克斯拥有海神波塞冬赋予他们的航海能力，他们保护阿尔戈号安全渡过了各种危险区。在卡斯托尔死后，宙斯同意让他不朽，这样卡斯托尔和波吕克斯就永远不会分开，宙斯将兄弟俩一起升上了天空。

双胞胎

北河三

　　北河三（双子座 β），视星等1.14，是双子座最亮的恒星，也是全天第十七亮星。它的名字Pollux，即两兄弟中的波吕克斯。

北河二

　　北河二（双子座 α）是双子座第二亮的恒星。它的名字Castor，即两兄弟中的卡斯托尔。

狮子座

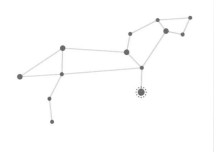

狮子座是天空中最大的星座之一，其星座图案很像一头狮子。

怎样找到它

狮子座的最佳观测时期是三月下旬到六月，你可以在地球上所有有人居住的地区看到它。

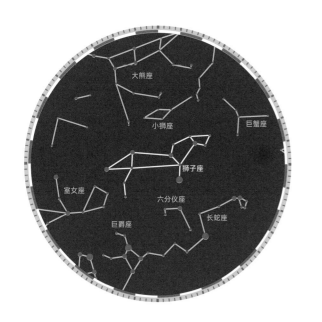

历史故事和神话传说

许多古代文明都将这些组合在一起的星星看成一头狮子。对于希腊人来说，它是住在尼米亚河谷附近的巨狮 —— 一头刀枪不入的巨兽。赫拉克勒斯的第一项任务就是与这头狮子搏斗。但是他的箭和棍棒都会从狮子的皮肤上弹开！赫拉克勒斯最终徒手掐死了狮子，然后用狮爪剥下了狮皮，做了一件斗篷。这件斗篷在赫拉克勒斯执行其他危险任务的时候保护了他。

狮子

 轩辕十四

轩辕十四（狮子座 α），视星等1.35，是狮子座最亮的恒星，也是全天第二十一亮星。它的名字Regulus源自拉丁语，意为"幼君"。

天秤座

天秤座是天空中最大的星座之一，它的星星组成了一个三角形，从两端各延伸出一条直线，看上去就像老式的平衡秤。

怎样找到它

天秤座的最佳观测时期是六月下旬到九月，你可以在地球上所有有人居住的地区看到它。

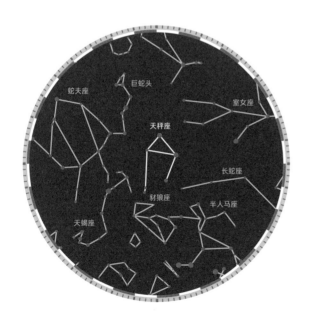

历史故事和神话传说

天秤座，英文名称Libra，在拉丁语中意为"天平"或"秤"。它位于室女座的脚边，所以有些故事说这台秤属于室女座。如今我们常见的秤只有一个用来称重的盘子，而古代的秤大多使用两个盘子，通过比较两边的重量来称重。天秤座是古罗马人最喜欢的星座之一。对他们来说，秤的两端平衡代表着公平、正义与和谐。

秤

氐宿四（天秤座 β）是天秤座最亮的恒星。它的名字 Zubeneschamali 源自阿拉伯语，意为"北边的螯"，因为天秤座的两个秤盘处的星星曾被视为天蝎座的螯。

蛇夫座

位置：天赤道

蛇夫座很大，它的星星组成了一座歪歪扭扭的房子形状。蛇夫座与巨蛇座相连。虽然蛇夫座属于黄道星座，却不是占星学中的黄道十二星座之一。

怎样找到它

蛇夫座的最佳观测时期是六月下旬到九月，你可以在地球上所有有人居住的地区看到它。

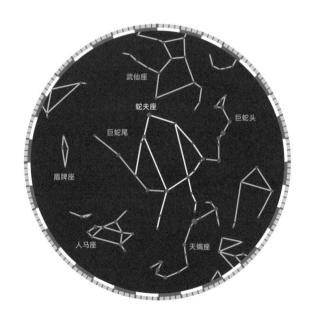

历史故事和神话传说

蛇夫座的英文名称Ophiuchus源自希腊语，意为"持蛇人"，代表着希腊神话中的医神——阿斯克勒庇俄斯。在这里，他被画成了手持巨蛇的形象。大多数人都认为蛇意味着危险，阿斯克勒庇俄斯却把蛇看成是治疗者。一天，阿斯克勒庇俄斯在杀死了一条蛇之后，看到另一条蛇爬了过来，把一种草药放在死蛇的身上，那条死去的蛇又复活了。阿斯克勒庇俄斯试验了蛇的方法，把同样的草药放在一位刚刚死去的年轻王子身上，结果王子也复活了！

持蛇人

☀ **候**

候（蛇夫座α）是蛇夫座最
亮的恒星。它的名字 Rasalhague
源自阿拉伯语，意为"持蛇人
的头"。

双鱼座

位置：天赤道

双鱼座很大，但是很暗，它的星星组成了一个**多边形**加一个 V 字形。

怎样找到它

双鱼座的最佳观测时期是九月下旬到十二月，你可以在地球上所有有人居住的地区看到它。

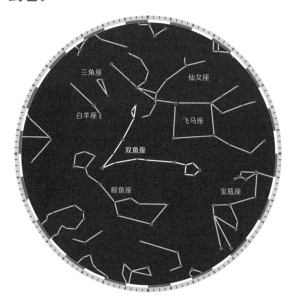

历史故事和神话传说

双鱼座，英文名称 Pisces，在拉丁语中意为"鱼"。在希腊神话中，**奥林匹斯山**众神推翻了**泰坦**，成为世界的统治者之后，泰坦的母亲大地女神**盖娅**非常生气，她派了一个蛇一样的可怕怪物 —— 提丰，来惩罚奥林匹斯山上的众神。为了逃离可怕的怪物提丰，美神阿佛洛狄忒和她的儿子爱神厄洛斯把自己变成了鱼，跳入了幼发拉底河中。他们用绳子把两条尾巴绑在一起，这样就不会在水中游散了。

两条鱼

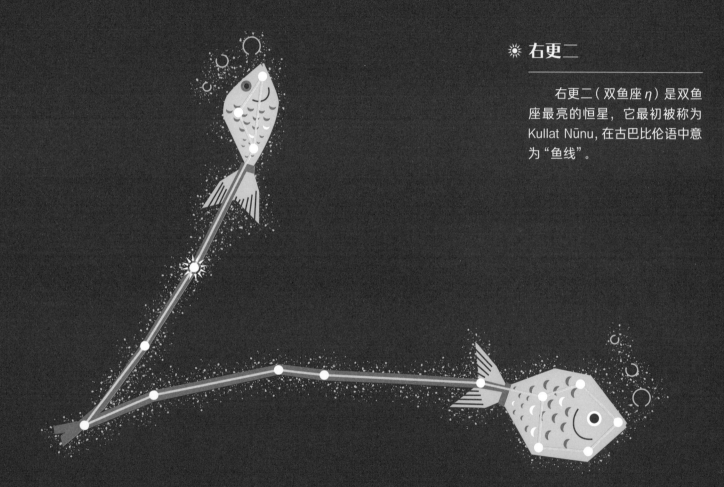

※ **右更二**

右更二（双鱼座 η）是双鱼座最亮的恒星，它最初被称为 Kullat Nūnu，在古巴比伦语中意为"鱼线"。

人马座

人马座是天空中最大的星座之一，其中最亮的八颗恒星组成了著名的茶壶星群。

怎样找到它

人马座的最佳观测时期是六月下旬到九月。将北半球按纬度从北到南平均分为三份，除了身处最北端的那份的区域之外，你都能看到它。

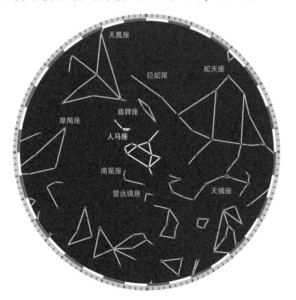

历史故事和神话传说

人马座，英文名称 Sagittarius，在拉丁语中意为"弓箭手"，人马座也被称为射手座。它的星座图案是一匹半人马。希腊人从更古老的苏美尔和巴伦神话中借用了这一生物，最初这种生物被称为帕比尔萨格。帕比尔萨格是一位伟大的猎人，在升上天空的时候，因出色的骑术得到了四条马腿。在一些希腊故事和传说中，人马座被认为代表弓箭的发明者 —— 克洛图斯。和帕比尔萨格一样，克洛图斯也是一名出色的猎人和骑手。人马座的箭头直指天蝎座，据说把人马座放在天蝎座附近是为了警告天蝎座不要离开自己的位置跑出去制造麻烦！

弓箭手

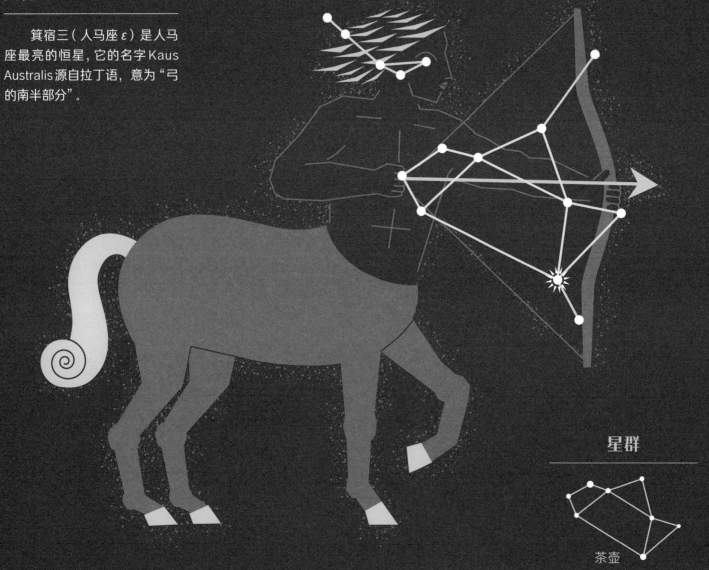

☀ **箕宿三**

箕宿三（人马座 ε）是人马座最亮的恒星，它的名字 Kaus Australis 源自拉丁语，意为"弓的南半部分"。

星群

茶壶

天蝎座

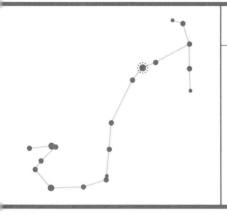

天蝎座很大，包含许多亮星。它的星星组成了一条近似S形的曲线，一端还有两只爪子，就像一只蝎子。

怎样找到它

天蝎座的最佳观测时期是六月下旬到九月，你可以在南半球或者在北半球的南半部地区看到它。

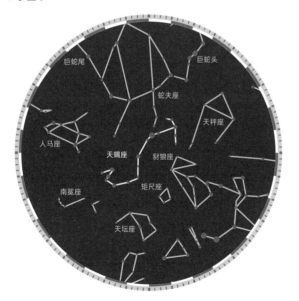

历史故事和神话传说

因为它显眼的形状，早在古希腊人将它著名的故事借走之前，这一星座就已经被巴比伦人描述成了一只蝎子。在希腊神话中，天才猎人俄里翁吹嘘说，只要他愿意，他可以猎杀地球上的每一只动物。在听到这句话之后，大地女神盖娅很生气，为了惩罚俄里翁的自吹自擂，就派了一只蝎子去杀他。宙斯把蝎子变成了一个星座，提醒人们不要自大。据说，猎户座俄里翁最容易在冬天被看到，因为他想要避开夏天爬上天空的天蝎座。

蝎子

心宿二

心宿二（天蝎座 α），视星等
0.86—1.02，是天蝎座最亮的恒星。
它是一颗红超巨星，显现出一种鲜
艳的红色，是天空中颜色最明亮的
恒星之一。它的名字 Antares 源自
希腊语，意为"很像火星"。奇妙
的是，古代中国人也将它称为"大
火星"。

金牛座

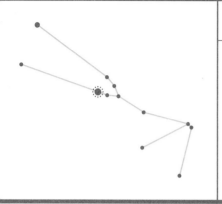

金牛座很大，而且非常容易找到。它的星星在上部组成了一个大 V 字形，又在下部组成了一个小 V 字形。金牛座拥有两个著名的星团 —— 毕星团和昴星团。

怎样找到它

金牛座的最佳观测时期是十二月下旬到三月，你可以在地球上所有有人居住的地区看到它。

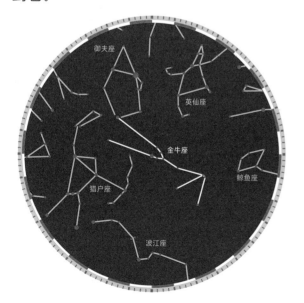

历史故事和神话传说

金牛座，英文名称 Taurus，在拉丁语中意为"公牛"，它是天空中最古老的星座之一。一些考古学家认为，一幅距今一万五千年的洞穴岩画描绘的就是金牛座和昴星团的形象！在希腊神话中，金牛座与宙斯有关，宙斯经常化身为一头公牛。在一个故事里，宙斯化身为公牛游到了克里特岛，也许这就是我们只能看到金牛座上半身的原因 —— 它的下半身藏在水里。靠近牛背的星团叫作昴星团。昴星团更为人们熟知的名字是七姐妹，代表普勒阿得斯七姐妹，一般用肉眼只能看到其中的六颗星。实际上昴星团有大约三百颗星星，其中九颗有名字 —— 七姐妹星以及她们的父母阿特拉斯和普勒俄涅。毕星团许阿得斯五姐妹是昴星团普勒阿得斯七姐妹同父异母的姐妹。据说，在她们的兄弟许阿斯被杀害之后，她们悲痛而死，因此都被升上了天空。

公牛

星群

昴星团

毕星团

毕宿五

毕宿五（金牛座 α），视星等 0.78—0.93，是金牛座最亮的恒星，也是全天第十四亮星。它的名字 Aldebaran 源自阿拉伯语，意为"跟随者"，可能是因为它在天空上正位于昴星团旁边吧。

室女座

室女座是全天第二大星座。它的星星组成了一个头部呈钻石型的人，非常容易找到。

怎样找到它

室女座的最佳观测时期是三月下旬到六月，你可以在地球上所有有人居住的地区看到它。

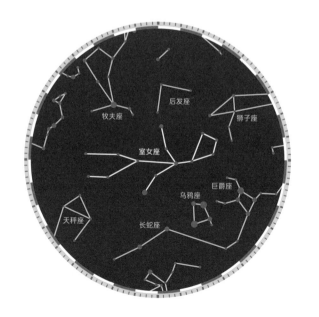

历史故事和神话传说

室女座，英文名称 Virgo，在拉丁语中意为"无瑕少女"，室女座也被称为处女座。在一些古希腊故事中，这个星座代表着有翼女神狄刻。狄刻曾生活在一个和平、幸福和美好的**黄金时代**。但宙斯推翻了他的父亲**克洛诺斯**的统治，情形发生了变化。人类开始互相伤害，和平也随之消失。狄刻警告人们，如果继续争斗下去情况只会越来越糟。但人们不听，世界陷入充满战争和暴力的黑暗时代。狄刻再也无法容忍人类的罪恶，最终离开了大地，飞上了天空。她的形象位于天秤座（正义的天平）上方，象征着天真无邪、丰饶多产和高尚的道德。

处女

 **角宿一**

角宿一（室女座α）的英文
名字是Spica，视星等0.98，是
室女座最亮的恒星。

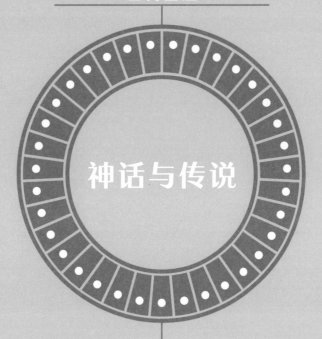

神话与传说

除黄道星座之外，还有很多其他星座在古代就被创立和绘制了出来。这些星座故事包含了希腊神话中著名的传说、人物、动物和圣物，以及你在前面已经听说过的神和英雄，比如希腊有史以来最著名的英雄之一——赫拉克勒斯。

想象一下，当你抬头仰望星空，这些星座正上演着一位英雄为了帮助不幸的公主，与一只凶恶的海怪搏斗，然后骑着一匹神奇的天马离开的故事。这个希腊神话中的海怪正是鲸鱼座，公主是仙女座，天马是飞马座，这些故事中的角色都是星座！这位英雄正是传说中的怪物猎人珀尔修斯，他是英仙座。这四个星座在天空中靠得很近。

读完这些故事之后，再仔细看看星图，你会发现许多星座的故事都与邻近星座的故事相互关联。

仙女座

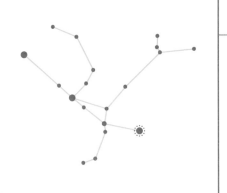

仙女座非常大，形状也很复杂，有许多亮星。仙女座中最亮的星星（壁宿二）也是星群飞马座大四边形的一员。

怎样找到它

仙女座的最佳观测时期是九月下旬到十二月，你可以在除南半球最南端之外的地区看到它。

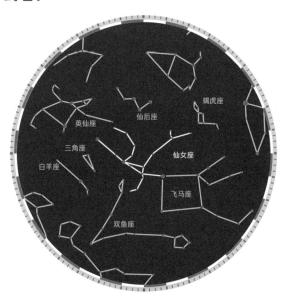

历史故事和神话传说

仙女座，英文名称 Andromeda，源自一位以善良和美丽著称的公主 —— 安德洛墨达。有一天，她那傲慢的母亲卡西欧佩亚王后夸口说，她的女儿比著名的海仙女、海宁芙 —— **涅瑞伊得斯**姐妹还漂亮。这使涅瑞伊得斯们感到非常愤怒和嫉妒，她们要求海神波塞冬惩罚这一家人。波塞冬派出一只凶残的海怪刻托袭击附近的海岸。安德洛墨达的父王克甫斯被告知，阻止刻托的唯一办法就是把他无辜的女儿献给这只可怕的怪物。于是，安德洛墨达被锁在一块岩石上成了祭品，但是就在海怪要吞噬她的时候，一位善良的英雄珀尔修斯杀死了这只海怪，解开了安德洛墨达的锁链，然后两人骑着飞马离开了。

被束缚的少女

☀ **壁宿二**

壁宿二（仙女座α）是仙女座最亮的恒星。它的名字Alpheratz源自阿拉伯语，意为"马的肚脐"，因为它也是飞马座的一部分。

天鹰座

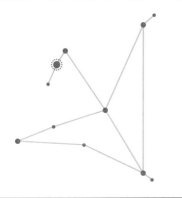

天鹰座是最大的星座之一，它的星星组成了一只鸟的形状。

怎样找到它

天鹰座的最佳观测时期是六月下旬到九月，你可以在地球上所有有人居住的地区看到它。

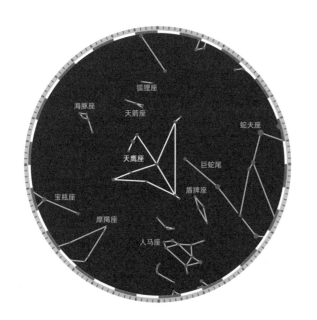

历史故事和神话传说

天鹰座，英文名称 Aquila，在拉丁语中意为"鹰"。这只鹰是古希腊神话中宙斯的信使，它的工作就是搬运和回收宙斯向敌人抛出的雷电——这相当危险啊！天鹰座位于宝瓶座附近，它也与宝瓶座的故事有关。人们认为就是这只鹰受命于宙斯，抓来了希腊王子伽倪墨得斯并让他为众神倒酒。不过还有一些故事，讲述了宙斯为了满足自己的愿望，把自己或是别人变成了一只鹰。

鹰

河鼓二

河鼓二（天鹰座 α），即传说中的牛郎星，视星等0.77，是天鹰座最亮的恒星，也是全天第十二亮星。远在古希腊文明之前，这颗星星就与鹰建立了联系，它的名字Altair源自阿拉伯语，意为"飞鹰"。

天坛座

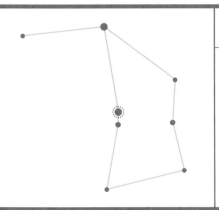

位置：南半天球

天坛座是一个小星座。它的星星组成了一个不规则多边形，形状就像一个祭坛 —— 用来放置人们献给众神的祭品。

怎样找到它

天坛座的最佳观测时期是六月下旬到九月下旬，你可以在南半球或者在北半球的南半部地区看到它。

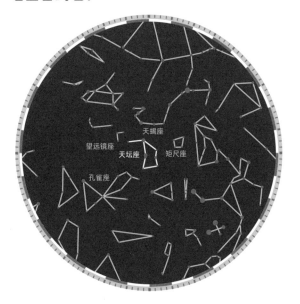

历史故事和神话传说

在古代，人们会把肉类等食物或其他贵重物品当作祭品，并把它们放在祭坛上焚烧来取悦神灵。古希腊人献上这些祭品是希望诸神能帮助他们解决困难。人们认为天坛座是众神自己使用的特殊的祭坛。宙斯推翻泰坦的战争是古希腊神话中最重要的事件之一。泰坦是宙斯之前宇宙的统治者。在战争开始之前，宙斯和他的盟友在祭坛前发誓要推翻泰坦的统治。天坛座很可能就代表这个祭坛，而位于天坛座附近的**银河**据说是祭坛产生的烟雾。

祭坛

☀ 杵三

杵三（天坛座 β）是天坛座最亮的恒星。这颗星星有时被称作 Vasat-ül-cemre，这个词源自土耳其语，意为"火焰之心"。

南船座：船底座、船尾座和船帆座

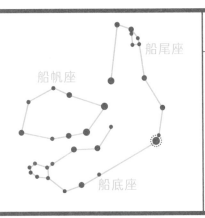

船帆座　船尾座　船底座

位置：南半天球

船底座、船尾座和船帆座这三个星座曾是一个更大的船形星座——南船座（Argo Navis，意为"阿尔戈号"）的一部分。船底座的名字Carina在拉丁语中意为"船的龙骨"；船尾座的名字Puppis在拉丁语中意为"船尾"；船帆座的名字Vela在拉丁语中意为"船帆"。

怎样找到它

这些星座的最佳观测时期是十二月下旬到三月。你可以在南半球或者在北半球的南半部地区看到它们。

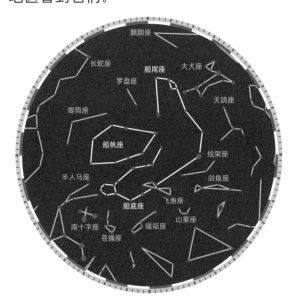

历史故事和神话传说

据说阿尔戈号是有史以来的第一艘船，它的船长是爱俄尔卡斯王子伊阿宋。伊阿宋是王位的继承人，但是他的叔叔珀利阿斯却夺取了王位。珀利阿斯向伊阿宋保证，如果伊阿宋能带回神秘的金羊毛，就能重新赢得王位。伊阿宋召集了一群被称为阿尔戈英雄的希腊冒险者在黑海上航行，去寻找金羊毛。在经历了一段漫长而危险的航行之后，英雄们带着金羊毛回来了，伊阿宋成了国王。智慧女神雅典娜将阿尔戈号置于星座之间，用以纪念这艘船。

船的龙骨、船尾和船帆

老人星

  老人星（船底座 α），视星等 −0.72，是船底座、船尾座和船帆座三个星座中最亮的恒星，也是全天第二亮星。它的名字 Canopus 源自一名古希腊领航员，如今它依然被人们用来导航，因为它很亮，附近又很少有其他亮星。

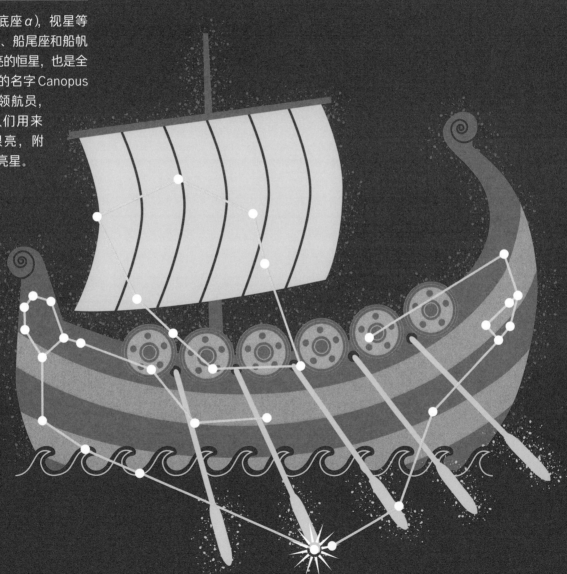

御夫座

位置：北半天球

御夫座是一个包含许多亮星的大星座。它的主体形状是一个不规则五边形，上方再加一个三角形。

怎样找到它

御夫座的最佳观测时期是十二月下旬到三月，你可以在除南半球最南端之外的地区看到它。

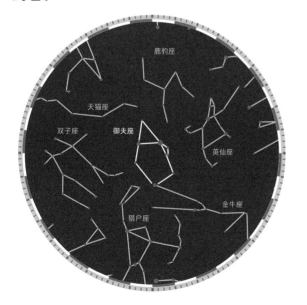

历史故事和神话传说

御夫座的名字Auriga，在拉丁语中意为"驾驶战车的战车手"。战车是用马拉的两轮车。传说驾车的是埃里克托尼奥斯，一位被古希腊雅典娜女神抚养长大的英雄。雅典娜教给埃里克托尼奥斯驯马技术，他很快就掌握了这些技巧。他对马的了解令他成为一名优秀的战车手，并帮助他在泛雅典娜节（古代雅典的奥运会）上获得了许多场战车比赛的胜利。有些故事中说，他发明了驷马战车——用四匹马拉的战车，这给宙斯留下了深刻的印象。有些故事中说，御夫座抱着的山羊是从小哺育宙斯的山羊，但是没有人知道为什么一位战车手要抱着山羊！

战车手

五车二

　　五车二（御夫座 α），视星等 0.08，是御夫座最亮的恒星，也是全天第六亮星。它的名字 Capella 源自拉丁语，意为"山羊"。五车二虽然看上去好像是一颗恒星，但实际上它是密近双星，两星以104天的周期互相绕转。

牧夫座

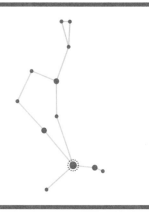

位置：北半天球

牧夫座是全天第十三大星座，包含许多亮星。它的星星构成了风筝或者冰激凌甜筒的形状。

怎样找到它

牧夫座的最佳观测时期是三月下旬到六月，你可以在地球上所有有人居住的地区看到它。

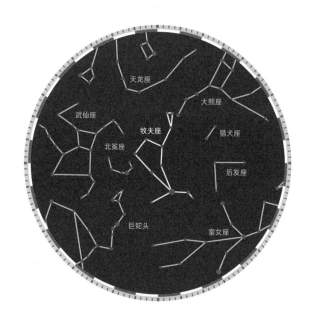

历史故事和神话传说

牧夫座是一名牧人，他在猎犬座（两条狗）的帮助下，在天空中驱赶着大熊座和小熊座。他站在大熊座的右后方，一只手拿着镰刀，另一只手拿着牧羊杖。有些故事中说，牧夫座的名称 Boötes 源自古希腊语，意为"赶牛人"，因为大熊座曾经被描绘成牛的形象。

牧人

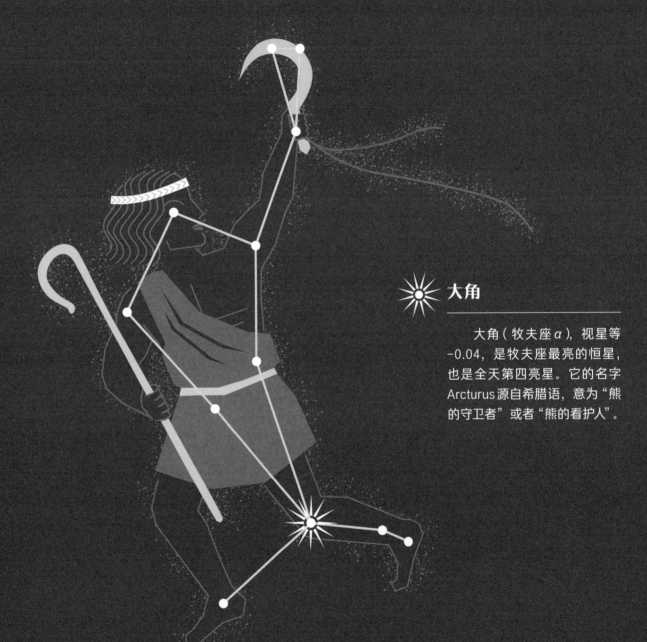

大角

    大角（牧夫座α），视星等 −0.04，是牧夫座最亮的恒星，也是全天第四亮星。它的名字 Arcturus 源自希腊语，意为"熊的守卫者"或者"熊的看护人"。

大犬座

大犬座中等大小，它的星星连在一起很像一条狗。大犬座"有幸"包含了全天第一亮星——天狼星。

怎样找到它

大犬座的最佳观测时期是十二月下旬到三月，你可以在地球上所有有人居住的地区看到它。

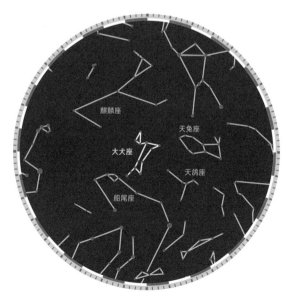

历史故事和神话传说

大犬座的名字 Canis Major，在拉丁语中意为"大狗"，据说它是俄里翁的警卫犬，在天空中跟随着猎户座。在一些古希腊神话中，这条狗叫莱拉普斯，是世界上跑得最快的狗，它总能抓到猎物。国王刻法罗斯派它去抓传说中永远不会被抓住的透墨索斯恶狐。这场追逐历时多年，当发现永远不会有结果后，宙斯把它们都冻住了，并把莱拉普斯放在天空中成了大犬座。

大狗

早在大犬座存在之前，天狼星（大犬座α）就被称为犬星。天狼星的英文名字Sirius源自希腊语，意为"灼热"。因为古希腊人注意到，在夏天最热的日子里，天狼星会和太阳同时升起。如今，一年中最热的三伏天在国外许多地方仍被称为"犬日"。

小犬座

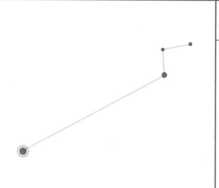

小犬座是最小的星座之一，它的星星构成了一条折线。

怎样找到它

小犬座的最佳观测时期是十二月下旬到三月，你可以在地球上所有有人居住的地区看到它。

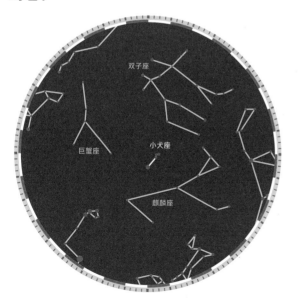

历史故事和神话传说

小犬座的名字 Canis Minor，在拉丁语中意为"小狗"，它和大犬座一起守护着猎户座。有些故事中说这条狗叫迈拉，它是一条忠诚的宠物狗，属于雅典的伊卡里俄斯。在伊卡里俄斯去世之后，迈拉非常伤心。伊卡里俄斯的好朋友 —— 酒神狄俄尼索斯，把它放在银河的旁边，这样它就永远不会觉得渴了。还有故事说，小犬座最初可能是透墨索斯恶狐，一只传说中永远不会被抓到的动物。在总能抓到猎物的狗莱拉普斯（大犬座）被派去追逐这只恶狐之后，宙斯为了阻止这场永远不会结束的追逐，把它们都冻在了天空中。

小狗

☀ **南河三**
_____

　　南河三（小犬座 α），视星
等 0.38，是小犬座最亮的恒星。
它的名字 Procyon 源自希腊语，
意为"在狗前面"，或许是因为
在地中海沿岸观测，它会在天
狼星前面升起。

仙后座

仙后座是一个非常重要的星座，它很小，却很明亮。它的形状会因为观测日期不同，呈现W形或M形，非常容易被记住。

怎样找到它

仙后座的最佳观测时期是九月下旬到十二月，你可以在北半球或在南半球的北半部地区看到它。

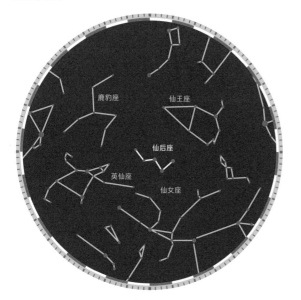

历史故事和神话传说

在希腊神话中，仙后座卡西欧佩亚是埃塞俄比亚王后。她非常注重外表，会花很多时间欣赏和吹嘘自己和女儿安德洛墨达的美貌。人们经常看到她坐在宝座上照镜子，梳理长发。卡西欧佩亚的自吹自擂差点儿害了她女儿的命。她的故事提醒古希腊人善良比美貌更重要。

坐着的王后

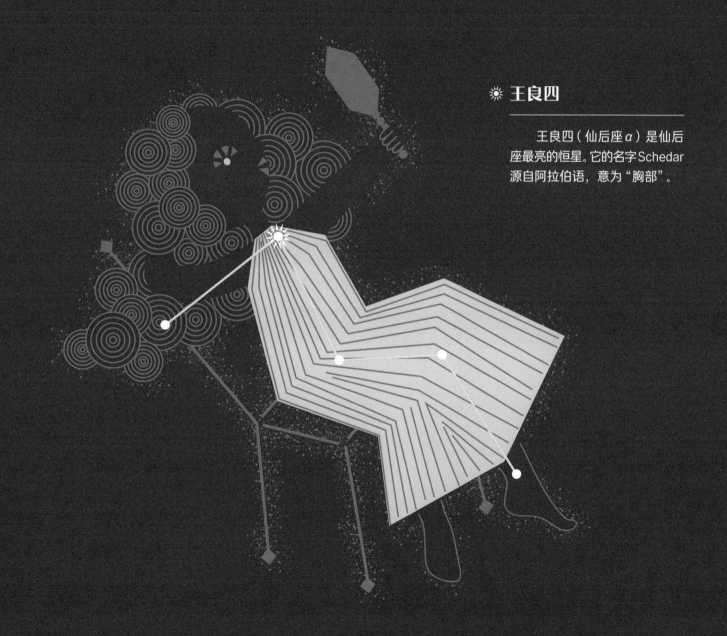

☀ **王良四**

王良四（仙后座 α）是仙后座最亮的恒星。它的名字 Schedar 源自阿拉伯语，意为"胸部"。

半人马座

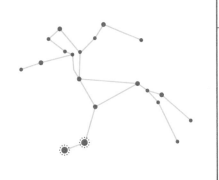

半人马座是全天第九大星座，其中有许多很容易找到的亮星，最亮的两颗恒星叫作指极星。人们可以利用它们找到南天极——天空中位于地球南极上方的假想的点。

怎样找到它

半人马座的最佳观测时期是三月下旬到六月，你可以在南半球或在北半球的南半部地区看到它。

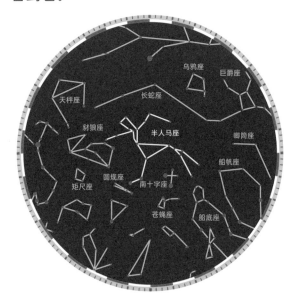

历史故事和神话传说

半人马是一种有着人类头部和躯干，以及马腿的神话生物。半人马座源自希腊神话中叫作喀戎的半人马。虽然半人马以性格野蛮、行为恶劣著称，喀戎却聪明善良，广受敬仰。在希腊神话中，许多伟大的英雄都被送到他那里接受射箭、狩猎、体能、治疗和音乐方面的教育和训练。不幸的是，喀戎被赫拉克勒斯不小心用毒箭射死了。为了纪念喀戎，他被升上了天空成为一个星座。

半人马

马腹一

马腹一（半人马座 β），视星等 0.61，是半人马座第二亮的恒星，也是全天第十一亮星。它的名字 Hadar 源自阿拉伯语，意为"在地上"。

南门二

南门二（半人马座 α）虽然看上去只有一颗恒星，但实际上却是三颗恒星在**轨道**上互相绕转，形成的一个三星系统。三颗恒星合在一起就好像是一颗视星等为 -0.27 的恒星，这让它成了半人马座最亮的恒星，也是全天第三亮星。南门二有时被称为 Rigil Kentaurus，这个词源自阿拉伯语，意为"半人马的脚"。

南门二

马腹一

仙王座

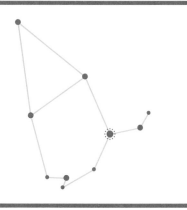

仙王座并不像周围的其他星座那么明亮，但是它的星星组成了房子的形状，这让它很容易被找到。它位于仙后座的旁边。

怎样找到它

仙王座的最佳观测时期是九月下旬到十二月，你可以在北半球或在赤道以南的一小片地区看到它。

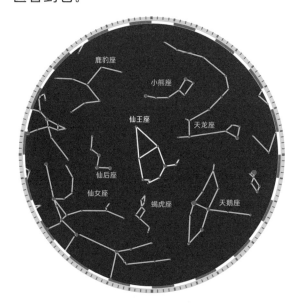

历史故事和神话传说

在希腊神话中，仙王座代表了古埃塞俄比亚的国王 —— 卡西欧佩亚不幸的丈夫克甫斯。由于卡西欧佩亚吹嘘女儿安德洛墨达的美貌，她的家人受到了惩罚。当海神波塞冬派出的可怕海怪刻托袭击埃塞俄比亚海岸时，克甫斯不知道如何摆脱刻托，于是询问了一位能预知未来的**神谕者**。神谕者告诉他，阻止海怪的唯一方法就是把他的女儿献祭给海怪。大多数父亲都不会这么做，但是克甫斯还是把他的女儿锁在了海边的一块岩石上，让怪物把她带走。幸运的是，英雄珀尔修斯救走了她！

国王

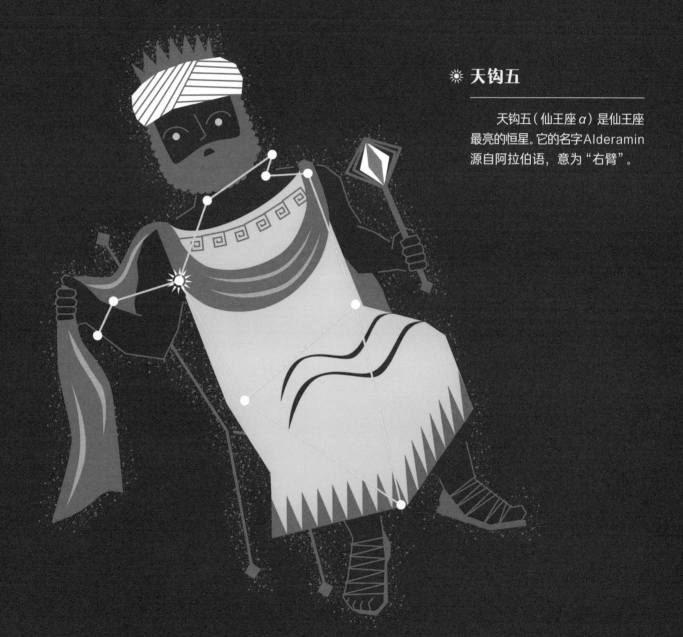

☀ 天钩五

天钩五（仙王座 α）是仙王座最亮的恒星。它的名字Alderamin源自阿拉伯语，意为"右臂"。

鲸鱼座

位置：天赤道

鲸鱼座是全天第四大星座，但并不像其他星座那么明亮。它的一端是一个小的五边形，另一端是一个大的多边形，中间由一条折线连接。

怎样找到它

鲸鱼座的最佳观测时期是九月下旬到十二月，你可以在地球上所有有人居住的地区看到它。

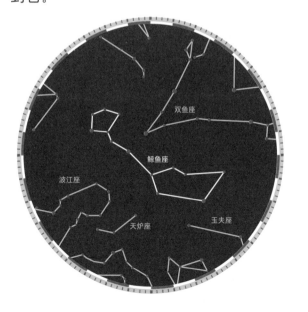

历史故事和神话传说

虽然这一星座被称为鲸鱼，古希腊人却把它所代表的生物当作海怪或海龙，即希腊神话中的刻托。它有着小爪子、狗头，以及海洋生物般的身体。海神波塞冬派刻托摧毁古埃塞俄比亚海岸地区，作为对克甫斯国王和他家人的惩罚。就在刻托准备杀死安德洛墨达公主的时候，英雄珀尔修斯出现了，并杀死了刻托。有些故事说珀尔修斯用一把剑杀死了刻托。而另一些故事说他用上了**美杜莎**的头颅。美杜莎是古希腊神话中的蛇发女妖，人们只要看到她的脸，就会变成石头。

海怪

☀ **土司空**

土司空（鲸鱼座β）是鲸鱼座最亮的恒星。它的名字 Diphda 源自阿拉伯语，意为"青蛙"。

后发座

后发座中等大小，它的星星构成了一个近似直角的角。

怎样找到它

后发座的最佳观测时期是三月下旬到六月，你可以在地球上所有有人居住的地区看到它。

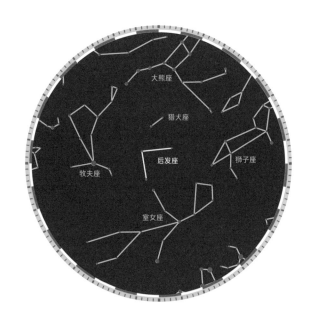

历史故事和神话传说

后发座的名字 Coma Berenices，在拉丁语中意为"贝勒尼基王后的头发"，是少数几个以真实的历史人物命名的星座之一。数千年前，王后贝勒尼基二世与国王托勒密三世一起统治着埃及。她被认为是一名勇敢的战士，有着非常美丽的长发。在丈夫出征之时，贝勒尼基发誓说，如果他能够平安回来，就剪掉头发献给神明以示感谢。在托勒密三世回来之后，贝勒尼基剪下了自己的头发，并放在了祭坛上。第二天，她那珍贵的祭品却不见了。后来宫廷天文学家"发现"，她的头发安全地藏在了星空中。

贝勒尼基的头发

☀ **周鼎一**

周鼎一（后发座 β）是后发座最亮的恒星。它有时被称作 al-Dafira，这个词源自阿拉伯语，意为"发辫"。

南冕座

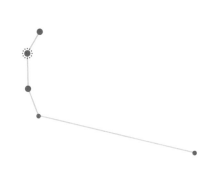

位置：南半天球

南冕座非常小，它的星星构成了有点像钩子的形状，非常显眼。

怎样找到它

南冕座的最佳观测时期是六月下旬到九月，你可以在南半球或北半球的南半部地区看到它。

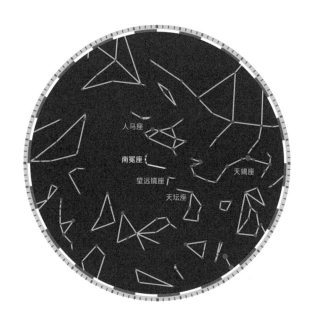

历史故事和神话传说

南冕座的名字 Corona Australis，在拉丁语中意为"南方的冠冕"，通常被描述成一个由月桂树枝或桃金娘的叶子制成的桂冠。在古希腊，桂冠象征着胜利和荣誉，戴在头上就像一顶王冠。有些故事认为这个花环属于半人马座或射手座，因为它就在它们附近。还有故事说这顶王冠属于狄俄尼索斯，他是宙斯和名为塞墨勒的凡间女子生下的**半神**儿子。狄俄尼索斯在天空中放置了一顶由桃金娘叶子制成的桂冠，纪念他的母亲从地狱中获救。

南方的冠冕

☀ **鳖六**

鳖六（南冕座 α）是南冕座最亮的恒星。它有时被称作Alphekka Meridiana，这个词源自阿拉伯语，意为"破碎星环中的亮星"。

北冕座

北冕座非常小，它的星星构成了一个半圆或钩子形。

怎样找到它

北冕座的最佳观测时期是六月下旬到九月，你可以在除南半球最南端之外的地区看到它。

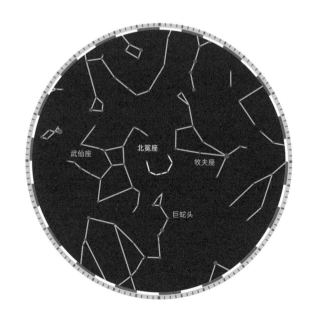

历史故事和神话传说

北冕座的名字 Corona Borealis，在拉丁语中意为"北方的冠冕"。它是克里特岛的阿里阿德涅公主，嫁给酿酒和节日之神狄俄尼索斯时所戴的王冠。王冠上镶嵌着闪闪发光的宝石。有些故事说这顶王冠是由火神赫菲斯托斯制造的。在婚礼结束后，狄俄尼索斯将王冠抛向天空以示庆祝，王冠上的宝石就变成了星星。

北方的冠冕

☀ **贯索四**

贯索四（北冕座α）是北冕座最亮的恒星。虽然它和南冕座中的鳖六是两颗不同的恒星，但是它的名字Alphekka，同样意为"破碎星环中的亮星"。

乌鸦座和巨爵座

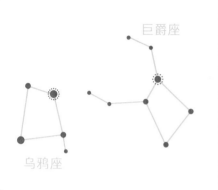

巨爵座

乌鸦座

位置：南半天球

　　乌鸦座和巨爵座是长蛇座上方相邻的两个小星座，其中的恒星都不是很亮，但因为这两个星座都处于天空中较暗的区域里，所以不难被找到。

怎样找到它

　　乌鸦座和巨爵座的最佳观测时期是三月下旬到六月，你可以在地球上所有有人居住的地区看到它。

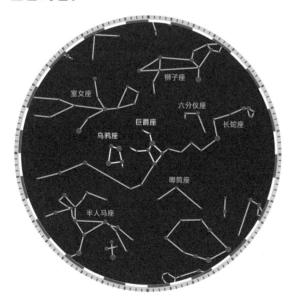

狮子座
室女座
六分仪座
巨爵座
长蛇座
乌鸦座
唧筒座
半人马座

历史故事和神话传说

　　乌鸦座的名字Corvus，在拉丁语中意为"乌鸦"。巨爵座的名字Crater，在拉丁语中意为"杯子"（"爵"是古代的一种酒杯）。在古希腊神话中，它们是联系在一起的。一天，阿波罗正在为宙斯准备祭品，便派乌鸦给他取水，乌鸦就叼着一个酒杯飞走了。但是在路上，它发现了一棵果实即将成熟的无花果树。乌鸦等了好几天，等无花果成熟之后吃掉了它们。乌鸦耽搁了取水，它带着空杯子回到了阿波罗身边。为了辩解，它指责水蛇海德拉堵塞了泉水。但阿波罗看出乌鸦在撒谎，就惩罚乌鸦，让它站在天空中，将一杯水放在它身边却又让它永远够不到，让它一直口渴。这也许可以解释为什么乌鸦的叫声会那么刺耳！

乌鸦和杯子

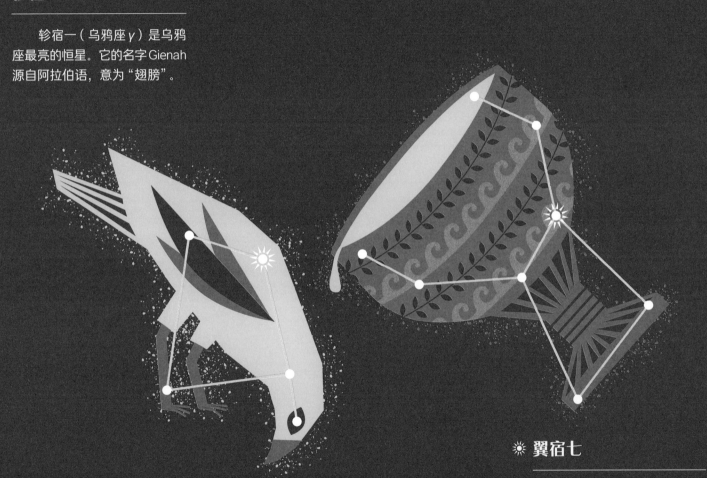

☀ **轸宿一**

轸宿一（乌鸦座 γ）是乌鸦座最亮的恒星。它的名字 Gienah 源自阿拉伯语，意为"翅膀"。

☀ **翼宿七**

翼宿七（巨爵座 δ）是巨爵座最亮的恒星。

天鹅座

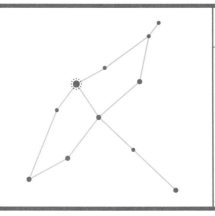

天鹅座很大，它的星星构成了一个大十字形。北十字星群就位于天鹅座。

怎样找到它

天鹅座的最佳观测时期是六月下旬到九月，你可以在除南半球南半部之外的地区看到它。

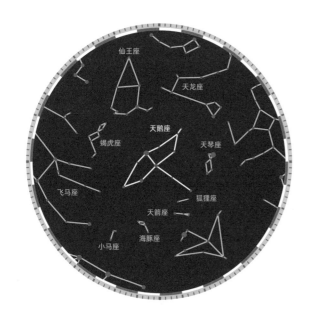

历史故事和神话传说

天鹅座的名字 Cygnus，在拉丁语中意为"天鹅"。它与几个不同的希腊故事和传说有关。在一个故事中，波塞冬的儿子库克诺斯和太阳神赫利俄斯的儿子法厄同，在天空中驾战车比赛。他们的战车来到了离太阳非常近的地方，战车被烧毁，法厄同从战车上掉落到河里死了。因为失去了好朋友，库克诺斯悲痛欲绝，宙斯把他变成了一只天鹅，放在了星空之中。

天鹅

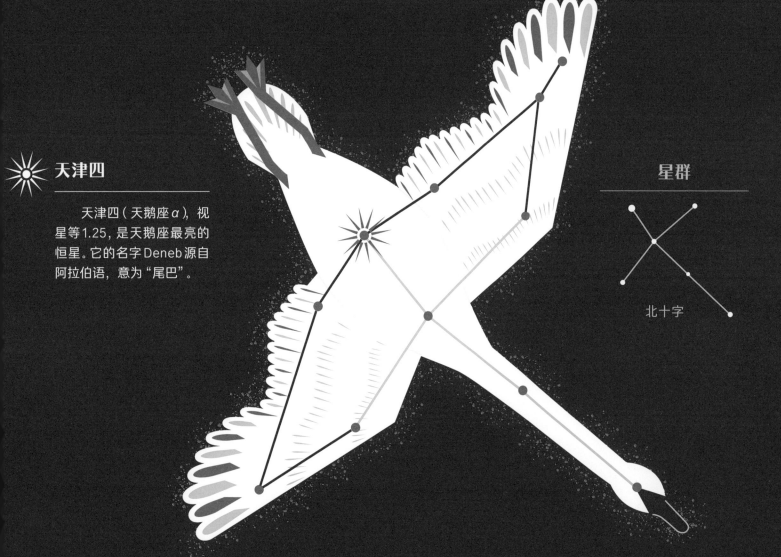

✴ **天津四**

天津四（天鹅座 α），视星等1.25，是天鹅座最亮的恒星。它的名字Deneb源自阿拉伯语，意为"尾巴"。

星群

北十字

海豚座

海豚座是天空中较小的星座之一，其中的亮星构成了一个四边形，下方还伸出了一条线，就好像一只风筝，这让它很容易被找到。它包含了星群瓠瓜。

怎样找到它

海豚座的最佳观测时期是六月下旬到九月，你可以在地球上所有有人居住的地区看到它。

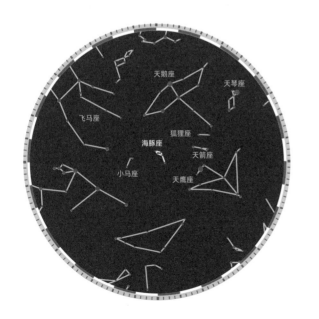

历史故事和神话传说

海豚座的名字 Delphinus，在拉丁语中意为"海豚"。古希腊人经常看到海豚，他们相信海豚是为海神波塞冬传递信息的信使。波塞冬爱上了一位海上女神，于是派了一只温柔善良的海豚去拜访她，并说服她接受他的爱意。在另一个故事中，著名的希腊诗人和音乐家阿里翁用他的音乐吸引了一群海豚帮助他逃离了海盗。他被一只友好的海豚带回了家，这只海豚后来被光明、预言、音乐和诗歌之神阿波罗放置在天空中。海豚座位于阿里翁著名的七弦琴——天琴座附近。

海豚

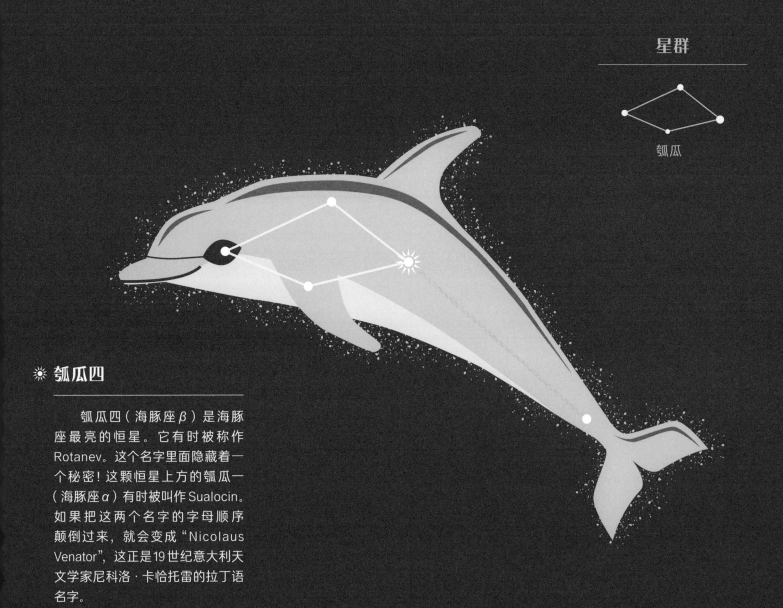

瓠瓜

☀ **瓠瓜四**

瓠瓜四（海豚座β）是海豚座最亮的恒星。它有时被称作 Rotanev。这个名字里面隐藏着一个秘密！这颗恒星上方的瓠瓜一（海豚座α）有时被叫作 Sualocin。如果把这两个名字的字母顺序颠倒过来，就会变成 "Nicolaus Venator"，这正是19世纪意大利天文学家尼科洛·卡恰托雷的拉丁语名字。

天龙座

天龙座是全天第八大星座。它的星星构成了一个不规则多边形再加上一条围绕北天极的长长的曲线形状。北天极可看作是地球北极正上方的一个假想的点。

怎样找到它

天龙座的最佳观测时期是六月下旬到九月，你可以在北半球或在南半球的北半部地区看到它。

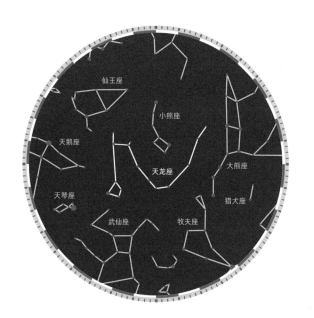

历史故事和神话传说

宙斯的妻子赫拉有一棵珍贵的苹果树，是她得到的结婚礼物。这棵树非常特别，树上结着金色的苹果，谁有幸吃到一个就能永生！赫拉让一条巨龙拉冬来看守苹果。英雄赫拉克勒斯为了弥补他犯下的可怕罪行，需要完成十二项任务，其中一项任务就是去偷树上的金苹果。他来到树前，用一支毒箭杀死了巨龙。赫拉把这条龙放在天空中，让它变成了天龙座。

龙

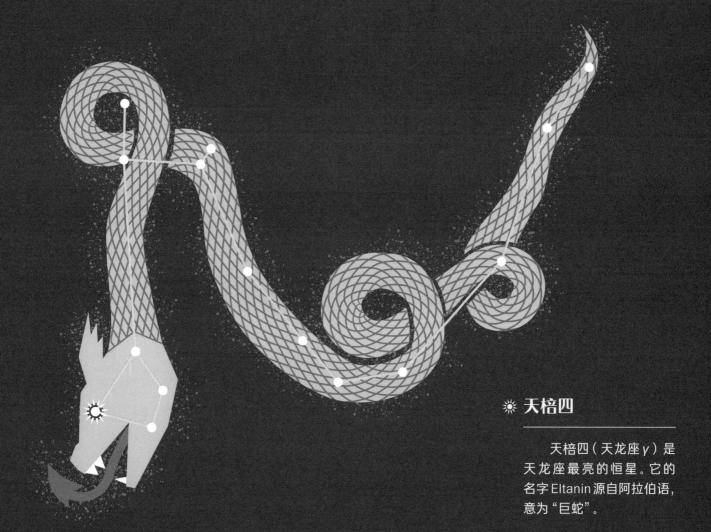

☀ 天棓四

天棓四（天龙座γ）是
天龙座最亮的恒星。它的
名字 Eltanin 源自阿拉伯语，
意为"巨蛇"。

小马座

位置：北半天球

小马座是全天第二小的星座。它的星星构成了一条折线。

怎样找到它

小马座的最佳观测时期是六月下旬到九月，你可以在地球上所有有人居住的地区看到它。

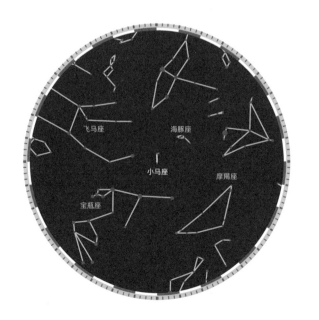

历史故事和神话传说

小马座的名字Equuleus，在拉丁语中意为"小马"。小马座紧挨着飞马座，有些故事说他是飞马座的儿子或兄弟，名叫克勒利斯（Celeris），这个名字在拉丁语中意为"迅捷"和"速度"。也有故事说这匹小马代表半人马座喀戎的女儿希波。希波爱上了一个喀戎不喜欢的人，为了躲避父亲，她逃到了山里。看到她的父亲来找她，众神怜悯她，就把她变成了一匹小马。据说，狩猎和保护年轻女孩的女神阿耳忒弥斯把这匹小马置于群星之间，希波仍然躲藏起来防止被喀戎看见，因此只露出了头。

小马

☀ **虚宿二**

虚宿二（小马座 α）是小马座最亮的恒星。它的名字 Kitalpha 源自阿拉伯语，意为"马的一部分"。

波江座

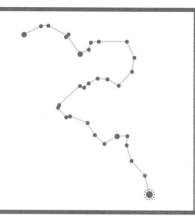

波江座是一个大星座，它的星星构成了一条长长的曲线，就像一条蜿蜒的河。

怎样找到它

波江座的最佳观测时期是十二月下旬到三月。将北半球按纬度从北到南平均分为三份，只有在北半球最南端的那份的区域或者在南半球才能看到它。

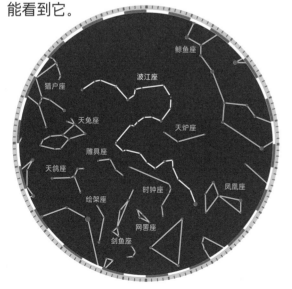

历史故事和神话传说

河流孕育了生命，它为农业生产和日常生活提供了重要的水源。因此，古巴比伦人想象着在群星之间也存在一条河流，古希腊人则"看到了"这条河神奇的力量。在希腊神话中，波江座与太阳神赫利俄斯之子法厄同的故事联系在了一起。法厄同央求着去驾驭他父亲的战车，却把战车驶向离太阳很近的地方，结果战车被烧毁，他坠落在了这条河里。

大河

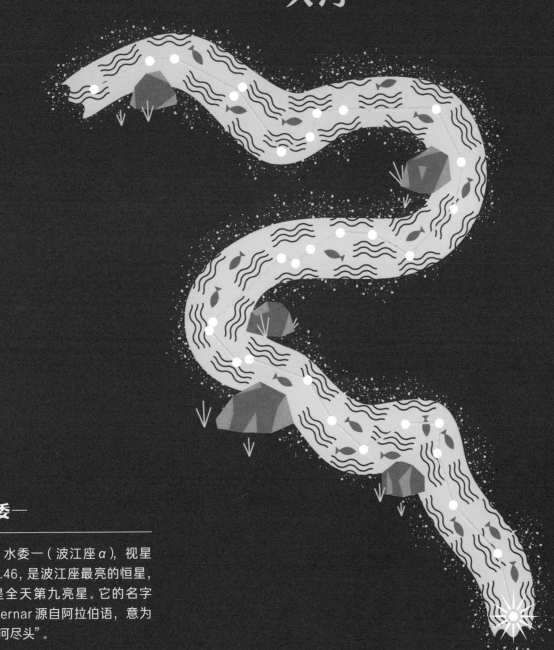

水委一

水委一（波江座 α），视星
等 0.46，是波江座最亮的恒星，
也是全天第九亮星。它的名字
Achernar 源自阿拉伯语，意为
"大河尽头"。

武仙座

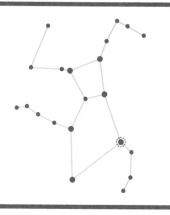

武仙座是全天第五大星座，它的星星构成了一个单膝跪地的人物形象。在与赫拉克勒斯的故事联系起来之前，它被称为"跪地者"。

怎样找到它

武仙座的最佳观测时期是六月下旬到九月，你可以在除南半球南半部之外的地区看到它。

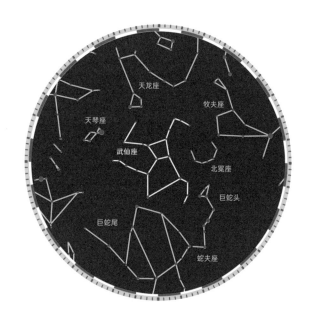

历史故事和神话传说

武仙座的名字Hercules，即希腊神话中的赫拉克勒斯（在罗马神话中被称作赫丘利），是古代神话中最著名、最强大的英雄。使他声名远播的是他的十二项功绩——为了弥补自己犯下的罪行，他必须完成十二项任务。其中包括杀死不可战胜的尼米亚的狮子；杀死九头蛇海德拉；从巨龙拉冬身边溜过，去赫拉的花园里偷走让人永生的金苹果。尽管人们认为这些任务不可能完成，但是他用让人难以置信的力量、技巧和勇气完成了这十二项任务。在为自己的罪行付出代价之后，他成了奥林匹斯众神之一。

赫拉克勒斯

☀ **天市右垣一**

天市右垣一（武仙座 β）是武仙座最亮的恒星。它的名字 Kornephoros 源自希腊语，意为"拿着棒子的人"。棒子是赫拉克勒斯最喜欢的武器。

长蛇座

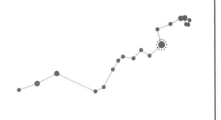

长蛇座是全天最大的星座，所占的区域几乎是天球表面的四分之一，不过星座内没有多少亮星。它的星星构成了一条曲线，顶端还有一个不规则的多边形，像一个蛇头。

怎样找到它

长蛇座的最佳观测时期是三月下旬到六月，你可以在除南极和北极之外的地区看到它。

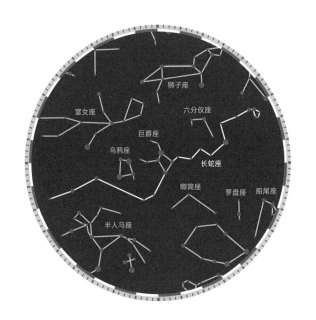

历史故事和神话传说

长蛇座的名字Hydra，在拉丁语中意为"水蛇"，是赫拉克勒斯在进行第二项任务时与之搏斗的水蛇海德拉。海德拉是守护金苹果的巨龙拉冬的同父异母的妹妹。它住在一片沼泽里，非常邪恶，连呼出的气体都能毒死人。据说海德拉有九个头，中间那个是不朽的。来到空中之后，它就只有一个头了——可能是它不朽的那个头！赫拉克勒斯在杀死海德拉之后，用海德拉有毒的血制作了毒箭，后来在完成倒数第二个任务时用这支箭来对付巨龙拉冬。海德拉还出现在了乌鸦座的故事中，乌鸦口中堵塞泉眼的水蛇就是海德拉。

水蛇

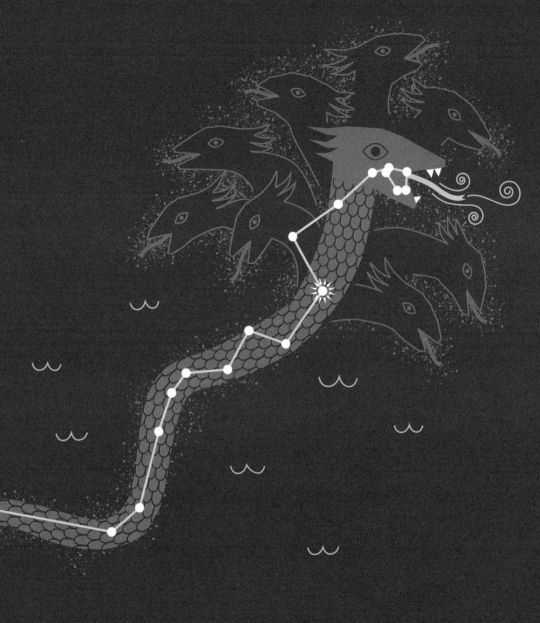

☀ **星宿一**

星宿一（长蛇座 α）是长蛇座最亮的恒星。它的名字 Alphard 源自阿拉伯语，意为"独居者"。

天兔座

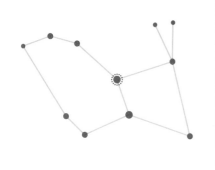

天兔座中等大小，它的星星构成了一只兔子的形状。

怎样找到它

天兔座的最佳观测时期是十二月下旬到三月，你可以在地球上所有有人居住的地区看到它。

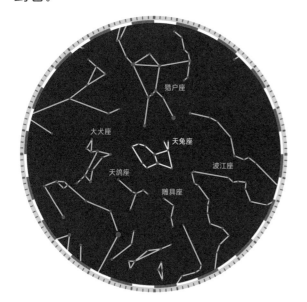

历史故事和神话传说

天兔座的名字Lepus，在拉丁语中意为"野兔"。这个名字很容易和豺狼座Lupus混淆，Lupus在拉丁语中是"狼"的意思！野兔和普通的兔子长得差不多，只不过体形更大，速度更快。这只野兔就在猎户座俄里翁和他的两条狗大犬座和小犬座附近，好像正在被他们追赶。但是不要担心，他们只是一起在天空中转圈圈，猎户座和他的狗永远没法抓住野兔！正是因为这只野兔跑得太快了，众神的使者赫尔墨斯把它放在了天空中。

野兔

☀ **厕一**
_____

厕一（天兔座α）是天兔
座最亮的恒星。它的名字Arneb
源自阿拉伯语，意为"野兔"。

豺狼座

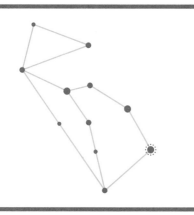

豺狼座相对较小，它的星星构成了一只蹲坐的犬形动物。

怎样找到它

豺狼座的最佳观测时期是三月下旬到六月。你可以将北半球按纬度从北到南平均分为三份，只有在最南端的那份的区域或在南半球才能看到它。

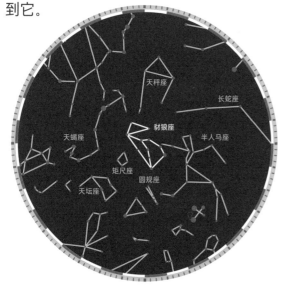

历史故事和神话传说

豺狼座的名字 Lupus，在拉丁语中意为"狼"。过去，人们经常把豺狼座与半人马座合在一起，看成一只献祭给神灵的动物形象。现在，豺狼座是一只独立存在的自由动物了。不过，巴比伦人把这个星座描绘成一条"疯狗"；希腊人把它当作一只"野生动物"；而罗马人把它当作"野兽"。数百年后，星座故事被翻译成拉丁语的时候，它才被称为豺狼座。

狼

☀ **骑官十**

骑官十（豺狼座 α）是豺狼座最亮的恒星。它的质量比太阳大十倍。

天琴座

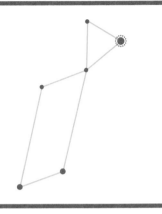

位置：北半天球

天琴座小而明亮，它的星星构成了两个多边形，整个星座的形状很像数字8。

怎样找到它

天琴座的最佳观测时期是六月下旬到九月。把南半球按纬度从南到北平均分为三份，除了南半球最南端的那份的区域之外，你都能看到它。

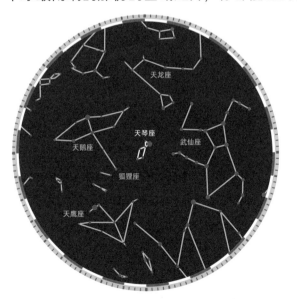

历史故事和神话传说

天琴座的名字Lyra，在拉丁语中是一种声音很像竖琴或吉他的弦乐器 —— 里拉（七弦竖琴）。赫尔墨斯用龟壳制作了一把里拉，并把它交给了俄耳甫斯。俄耳甫斯是一名传奇音乐家，他的音乐充满魔力，歌声十分迷人。他甚至可以用声音改造大自然，比如驯服河流，偏转箭头，让树木连根拔起跟随他前进。俄耳甫斯与船长伊阿宋一起登上了阿尔戈号去寻找金羊毛。在他们遇到用歌声引诱水手陷入危险的鸟形生物塞壬海妖的时候，俄耳甫斯弹奏起了这把琴，用强大的音乐压倒了塞壬海妖的歌声，确保了船上水手的安全。俄耳甫斯死后，宙斯把他的琴放在了天上。

七弦琴

 织女一

织女一（天琴座 α），视星等 0.03，是天琴座最亮的恒星，也是全天第五亮星。它就是中国神话中的织女星。它的名字 Vega 源自阿拉伯语，意为"扑向猎物的秃鹫"。

猎户座

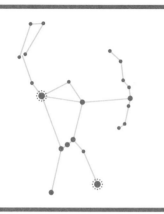

猎户座是最知名的星座之一，非常容易找到，因为其中有着夜空中最亮最明显的恒星。猎户座内有两个著名的星群：猎户的腰带和猎户的宝剑。

怎样找到它

猎户座的最佳观测时期是十二月下旬到三月，你可以在地球上所有有人居住的地区看到它。

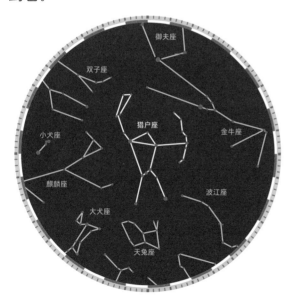

历史故事和神话传说

猎户座俄里翁是海神波塞冬的儿子，他高大、英俊、强壮，是一名猎人。有一天，俄里翁和狩猎女神阿耳忒弥斯一起去打猎，他吹嘘说只要他愿意，他可以猎杀地球上的任何一种动物。这让大地女神盖娅非常生气，她派出一只巨大的蝎子去谋杀俄里翁。猎户和蝎子（指天蝎座）都被放在了天空之中，以此警告其他人不要激怒盖娅。猎户座俄里翁有两条忠实的猎犬——大犬座和小犬座，在他身后帮助和保护他。

猎人

参宿四

参宿四（猎户座 α），视星等 0.06—0.75，是猎户座第二亮的恒星。它的名字 Betelgeuse 源自阿拉伯语，意为"俄里翁的手"或"巨人的肩"。

参宿七

参宿七（猎户座 β），视星等 0.12，是猎户座最亮的恒星，也是全天第七亮星。它的名字 Rigel 源自阿拉伯语，意为"脚"。

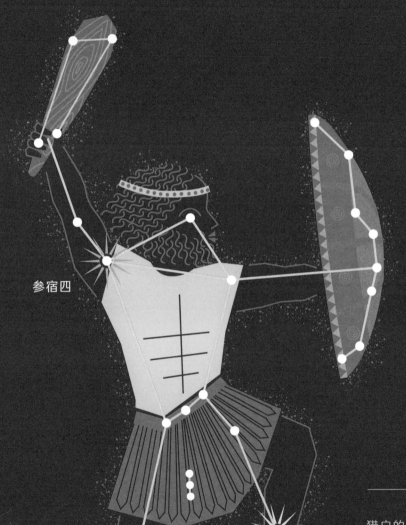

参宿四

参宿七

星群

猎户的腰带

猎户的宝剑
（腰带上垂下的宝剑）

飞马座

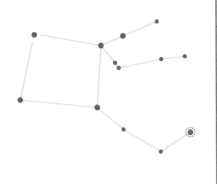

位置：北半天球

　　飞马座是天空中很大的星座，其中的亮星与附近的仙女座中的一颗恒星组成了一个四边形的星群，叫作飞马座大四边形。

怎样找到它

　　飞马座的最佳观测时期是九月下旬到十二月。你可以把南半球按纬度从南向北分成三份，只有在最南端的那份的区域无法看到它。

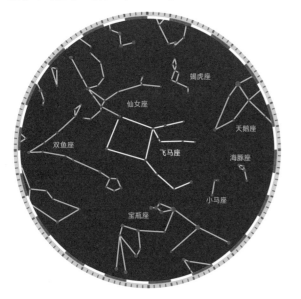

历史故事和神话传说

　　飞马座代表希腊神话中的珀加索斯，它是一匹长着翅膀的马，据说源于一次神奇的结合：它的父母分别是海神波塞冬和长翅膀的蛇发怪物美杜莎。每当珀加索斯的蹄子触碰到地面，水就会神奇地从它的落蹄处涌出来。实际上，飞马座的名字Pegasus，就源于希腊语中的"泉水"一词。珀加索斯曾帮助过许多伟大的英雄，比如拯救了安德洛墨达公主的珀尔修斯，以及杀死喷火三头怪奇美拉的柏勒洛丰。后来，珀加索斯住进了奥林匹斯山上的马厩，为宙斯运送雷电。

长翅膀的马

☀ 危宿三

危宿三（飞马座ε）是飞马座最亮的恒星。它的名字 Enif 源自阿拉伯语，意为"鼻子"。

星群

飞马座大四边形

英仙座

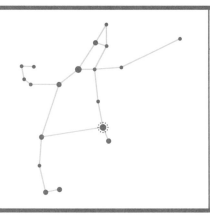

英仙座中等大小，它的星星构成了一个拿剑的人的形象。大陵五就位于英仙座，因为它的亮度会发生变化，古代西方人认为它代表着不幸和恐惧。

怎样找到它

英仙座的最佳观测时期是九月下旬到十二月，你可以在北半球看到它。

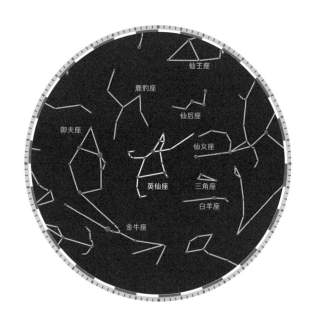

历史故事和神话传说

英仙座代表希腊神话中的英雄珀尔修斯，他是宙斯和达娜厄公主之子。希腊神话中讲述了他的许多英雄事迹。他打败了能把看到她脸的人变成石头的蛇发怪物美杜莎，并从邪恶的海怪刻托手中救出了安德洛墨达公主。后来珀尔修斯迎娶了安德洛墨达，在天空中站到了安德洛墨达身边，他们和故事中的其他人物离得也很近，比如仙后座和仙王座。

珀尔修斯

☀ 大陵五

　　大陵五（英仙座 β）是英仙座第二亮的恒星，却是其中最著名的恒星。它的名字 Algol 源自阿拉伯语，意为"恶魔"，用来指代美杜莎的头颅。

南鱼座

位置：南半天球

南鱼座不大，却很亮，它的星星构成了一条鱼的形状。

怎样找到它

南鱼座的最佳观测时期是九月下旬到十二月，你可以在南半球或在北半球的南半部地区看到它。

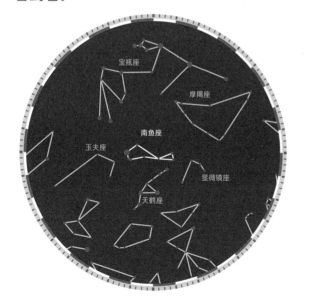

历史故事和神话传说

南鱼座的名字 Piscis Austrinus，在拉丁语中意为"南方的鱼"，在许多文明中都被描绘成了——你猜对了，一条鱼！希腊人称它为大鱼，有些人认为它是双鱼座那两条鱼的母亲。南鱼座位于宝瓶座的正下方，经常被画在宝瓶座倒出来的水下面，好像在喝水一样。

南方的鱼

北落师门

北落师门（南鱼座 α），视星等1.16，是南鱼座最亮的恒星，也是全天第十八亮星。它的名字Fomalhaut源自阿拉伯语，意为"鲸鱼的嘴"。

天箭座

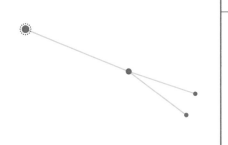

天箭座是全天第三小的星座。它的星星构成了一条直线加上一个窄窄的V字形图案，很像一支箭。它因为形状独特，在很多文明里都被看成是一支箭。

怎样找到它

天箭座的最佳观测时期是六月下旬到九月，你可以在地球上所有有人居住的地区看到它。

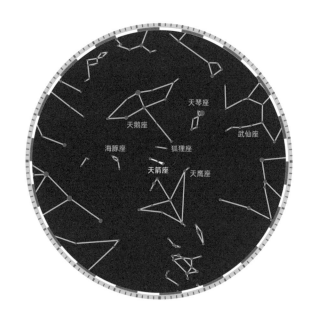

历史故事和神话传说

天箭座的名字Sagitta，在拉丁语中意为"箭"。你可能会认为这支箭属于射手座，但事实并非如此！没有一个历史故事和神话传说把天箭座和射手座联系在一起。实际上天箭座的故事是这样的：普罗米修斯从众神那里偷来了火，并把火赐给了人类，这激怒了众神。于是，他被绑在了一块岩石上，每天都有一只老鹰来啄他。赫拉克勒斯就是用这支箭杀死了宙斯派去的那只老鹰。谢天谢地，普罗米修斯得救了。

箭

左旗五（天箭座γ）是天箭座最亮的恒星，位于箭形图案的箭头处。

巨蛇座

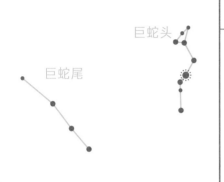

巨蛇头

巨蛇尾

位置：天赤道

巨蛇座是一个大星座，它的星星构成了一条曲线，但被位于中央的蛇夫座分成了两截：蛇头和蛇尾。

怎样找到它

巨蛇座的最佳观测时期是六月下旬到九月，你可以在地球上所有有人居住的地区看到它。

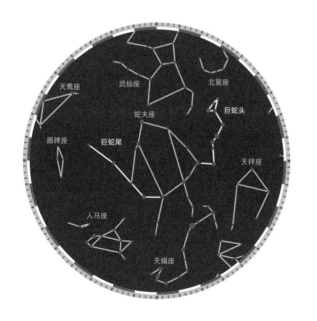

历史故事和神话传说

巨蛇座的名字Serpens，在拉丁语中意为"蛇"。通常，它都被蛇夫座代表的医神阿斯克勒庇俄斯举着。阿斯克勒庇俄斯曾经看到一条蛇把一种草药放在另一条死蛇的身上，死蛇因此复活。这给他留下了深刻的印象。于是他在一个已经死去的人身上试验了蛇的这一做法。草药起作用了，那个死去的人也奇迹般地复活了！阿斯克勒庇俄斯之杖是一根上面缠着一条蛇的棍子，现在还经常被用来象征医药和治疗，甚至世界卫生组织的会徽中就有这根神杖！

大蛇

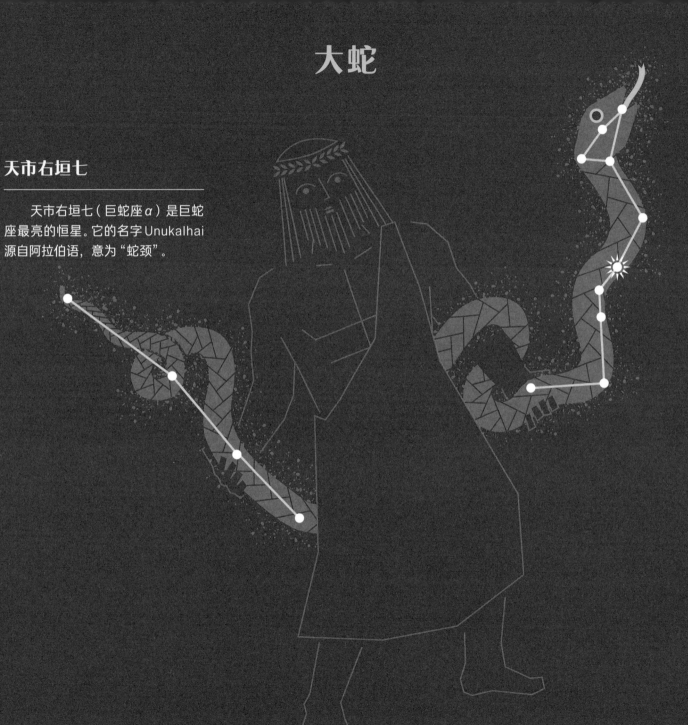

☀ 天市右垣七

天市右垣七（巨蛇座α）是巨蛇座最亮的恒星。它的名字 Unukalhai 源自阿拉伯语，意为"蛇颈"。

三角座

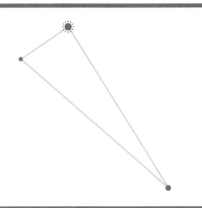

位置：北半天球

三角座是天空中的一个很小的星座，它的星星 —— 你又猜对了，构成了一个三角形。

怎样找到它

三角座的最佳观测时期是九月下旬到十二月，你可以在地球上所有有人居住的地区看到它。

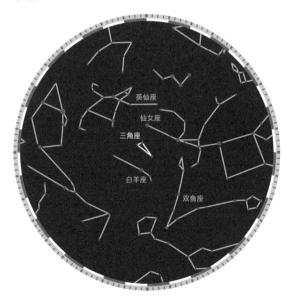

历史故事和神话传说

三角座的名字 Triangulum，在拉丁语中意为"三角形"。它曾被称为 Deltoton，或许源于希腊字母 Δ(英文注音为 delta)，Δ 的形状正是三角形。也有人把这个星座看成是尼罗河三角洲或西西里岛，这两个地区也都是三角形的。

三角形

天大将军九（三角座 β）是三角座最亮的恒星。

大熊座

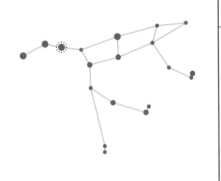

位置：北半天球

大熊座是全天第三大星座，历史非常悠久。天空中最著名的星群——北斗星，就位于大熊座中。北斗星中的天枢和天璇两颗恒星叫作指极星，因为它们的连线向天枢方向延长后指向北天极。

怎样找到它

大熊座的最佳观测时期是三月下旬到六月。你可以把南半球按纬度从南到北平均分为三份，只有在最北端的那份的区域或者在北半球才能看到它。

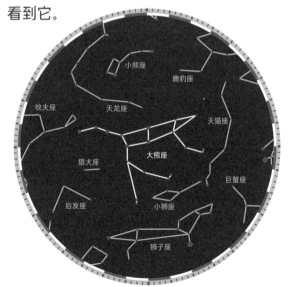

历史故事和神话传说

大熊座的名字 Ursa Major，在拉丁语中意为"大母熊"。这组恒星构成的星座图案在许多不同的文明中都曾被想象成一头熊！大熊座在北天极附近，牧夫座代表的牧人和他的狗一年四季都在天空中跟着它。在希腊神话中，据说大熊座曾是女猎手卡利斯托，她和宙斯生下了一个男孩，取名为阿卡斯。宙斯的妻子赫拉发现了这件事，她非常生气，就把卡利斯托变成了一头熊。卡利斯托在森林里穿行，躲避着猎人，后来宙斯把她安置在了群星之间。

大熊

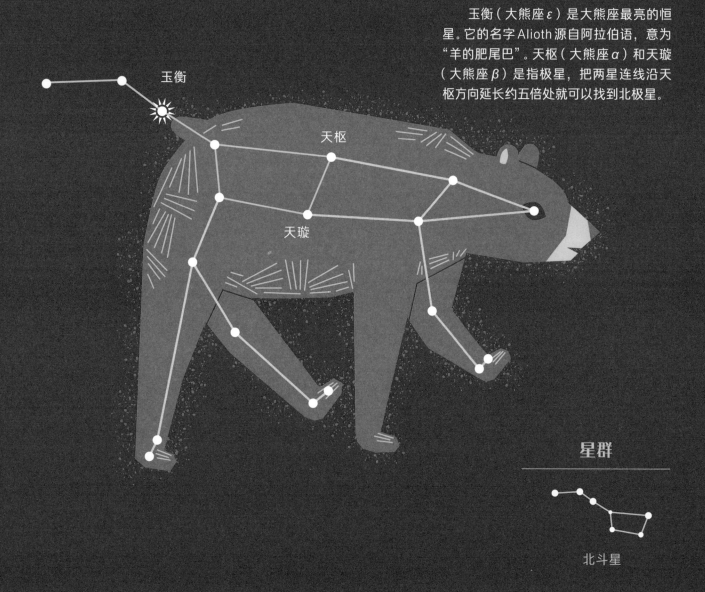

☀ 玉衡

玉衡（大熊座ε）是大熊座最亮的恒星。它的名字Alioth源自阿拉伯语，意为"羊的肥尾巴"。天枢（大熊座α）和天璇（大熊座β）是指极星，把两星连线沿天枢方向延长约五倍处就可以找到北极星。

玉衡

天枢

天璇

星群

北斗星

小熊座

　　小熊座不大，但很容易被找到，它的星星构成了一个勺子。这一星座构成的星群通常被称作小北斗。斗柄的末端上是北极星，它是天空中最重要的导航恒星之一。

怎样找到它

　　小熊座的最佳观测时期是三月下旬到六月，你可以在北半球或在赤道以南的一小片区域看到它。

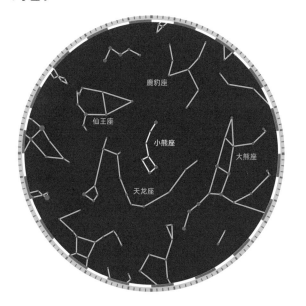

鹿豹座

仙王座

小熊座

大熊座

天龙座

历史故事和神话传说

　　小熊座虽然没有大熊座那么大、那么明亮，但是在很多文明中，小熊座都对航海起到了非常重要的作用。因为它就位于北天极，不像其他星座那样绕着北天极移动。如果水手们能找到小熊座，他们就能知道哪个方向是北。在希腊神话中，小熊座是卡利斯托的儿子阿卡斯。他长大后成了一名猎人。一天，他在森林里遇到已变成了熊的母亲。就在他准备用箭射对面的大熊的时候，宙斯把他也变成了一头熊，并把这对母子放在了群星之间。

小熊

勾陈一（小熊座 α）是小熊座最亮的恒星，也是最靠近北天极的亮星，所以被人们当作北极星。北极星在航海中非常有用，因为其他恒星都围绕着它运动，而它则保持静止。如果你正看着北极星，那么你面对的方向就是北方。

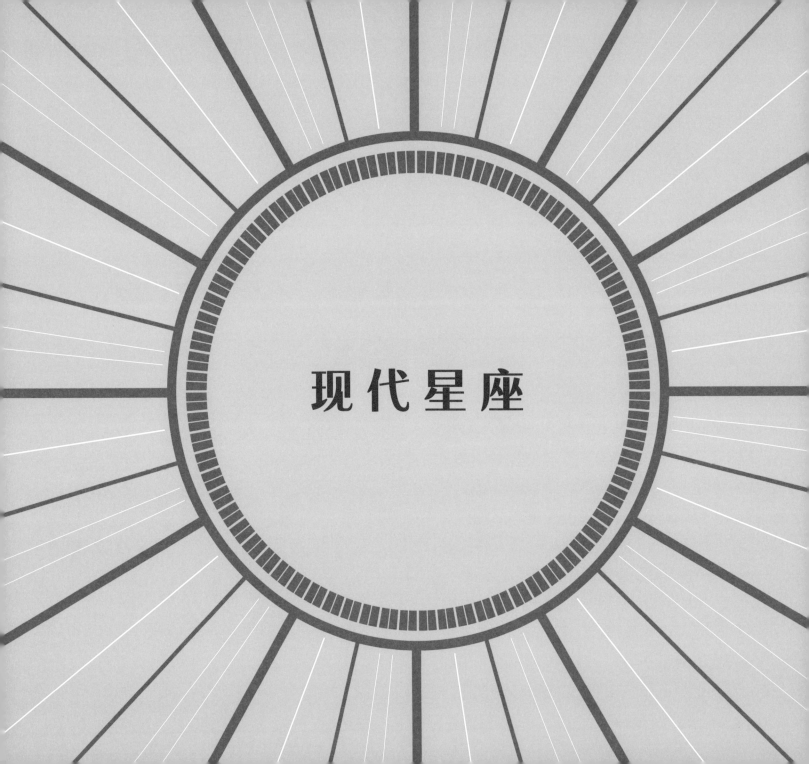

现代星座

你能想象几百年前被发现或命名的事物会被贴上"现代"的标签吗？实际上，那些在17世纪被创立和绘制出的星座就经常被称为"现代星座"。那段时期里，天文学家们见证了许多令人振奋的发明的出现。其中有些发明为人们研究恒星带来了巨大的便利，这些发明包括：望远镜、导航设备和更大更快的船只。望远镜使他们能够看到在此之前肉眼无法看到的恒星。导航设备（如八分仪和六分仪）和更大的船只，使他们能够前往一些以前从未去过的地方，在星图中绘制以前从未见过的恒星。

在这个被称为地理大发现的时代，欧洲人对大地、海洋和天空进行了广泛的探索。天文学家们发现，天空中还有许多区域没有被正式绘制在星图上，于是他们开始寻找更多的恒星，并将它们连成某种图案。他们希望能绘制出一张完整的星图。一些与古代星座有关的星座加入了进来：比如小狮座是狮子座的孩子，而猎犬座是牧夫座的猎犬。但并不是所有的新图案都是在古代神话传说的启发下绘制出来的。

天文学家们创立和引入了许多新星座，这些星座的灵感来自他们生活的时代，以及他们在探索中到过的地方。例如，航行到南半球的一些地方时，他们接触到了以前从未见过的迷人动物，比如极乐鸟和变色龙，就以这些迷人的动物为新创立的星座命名。还有些新星座以他们所使用的科学仪器命名，包括罗盘座、六分仪座和望远镜座。

动物与人物

荷兰、波兰或是法国并没有极乐鸟、飞鱼和巨嘴鸟之类的动物，所以这些神奇的异域生物让那些绘制星图的欧洲探险家们感到非常惊讶。这些探险家、天文学家根据他们在旅途中发现的动物，比如在巴布亚新几内亚发现的极乐鸟，来给星座命名。他们还用从未见过的动物或是神话中的动物，比如凤凰和独角兽，来给星座命名。

荷兰探险家彼得·迪尔克松·凯泽和弗雷德里克·德·豪特曼就是这样两位天文学家。他们曾于16世纪末一起旅行。荷兰制图师、天文学家皮特鲁斯·普兰修斯研究了凯泽和德·豪特曼所做的记录，并据此绘制了新星图。波兰天文学家约翰内斯·赫维留和伊丽莎白·赫维留夫妇（据说伊丽莎白是世界上最早的女性天文学家之一）利用他们自己的天文台进行观测，并于17世纪末发表了包含天猫座和小狮座在内的新星座的星图。

天燕座

位置：南半天球

天燕座不大，它的星星构成一条线，在线的一端有一个窄窄的V字形。

怎样找到它

天燕座的最佳观测时期是七月下旬到九月，你可以在南半球或赤道以北的一小片区域看到它。

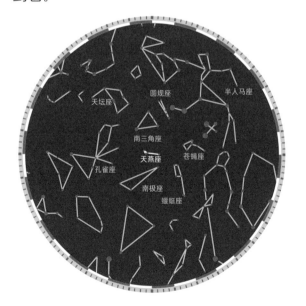

历史故事和神话传说

数百年前，来自欧洲的航海家来到南半球，看到了一种他们从未见过的鸟，这种鸟非常漂亮，长着鲜艳的羽毛，它就是极乐鸟。一开始，他们以为这种鸟没有脚，感到十分惊讶，但结果却是他们弄错了——极乐鸟怎么可能没有脚！航海家们用这种鸟的名字来命名这组恒星，称之为Apus，这个名字源自希腊语中的Apous，意思是"没有脚"，我们因此记住了这个把鸟的样子搞错了的故事。除了极乐鸟之外，Apus还可以指雨燕，所以这一星座后来被翻译成了"天燕座"。

极乐鸟

异雀八（天燕座 α）是天燕
座最亮的恒星。

鹿豹座

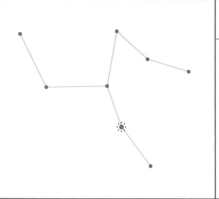

鹿豹座面积很大，其中的恒星都很暗，只能在天空非常暗的时候才能看到。其中的恒星构成了一头长颈鹿的形状。

怎样找到它

鹿豹座的最佳观测时期是十二月下旬到三月，你可以在北半球或赤道以南的一小片区域看到它。

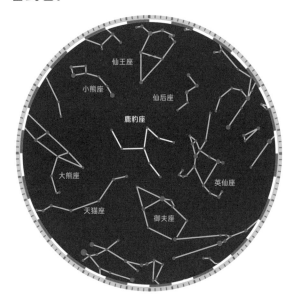

历史故事和神话传说

鹿豹座的名字Camelopardalis，源自希腊语，意为"骆驼豹"，是一种像骆驼的动物，脖子很长，身上长满了"斑点"，其实就是长颈鹿！这个星座由荷兰天文学家皮特鲁斯·普兰修斯在17世纪根据荷兰航海家描述的信息命名的。在清代，长颈鹿曾被称为"鹿豹"，这一星座的中文译名也正源于此。

长颈鹿

☀ **八谷增十四**

八谷增十四（鹿豹座 β）是
鹿豹座最亮的恒星。

猎犬座

猎犬座中等大小，它的星星构成了一条直线。

怎样找到它

历史故事和神话传说

猎犬座的最佳观测时期是三月下旬到六月，你可以在除南半球南半部之外的地区看到它。

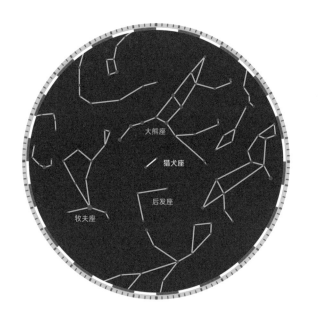

这两条猎犬的名字Canes Venatici，源自拉丁语，它们是追着大熊座和小熊座的牧夫座牵着的两条猎犬。这两条猎犬在古代并不以星座的形式存在，而是后来才被添加到牧夫座的手中。因为其中的恒星很难用肉眼分辨，所以古希腊人原以为那片区域里没有恒星。这两条狗的名字分别叫作恰拉（Chara）和阿斯忒里翁（Asterion）。恰拉在希腊语中是"快乐"的意思，阿斯忒里翁在希腊语中是"小星星"的意思。

猎犬

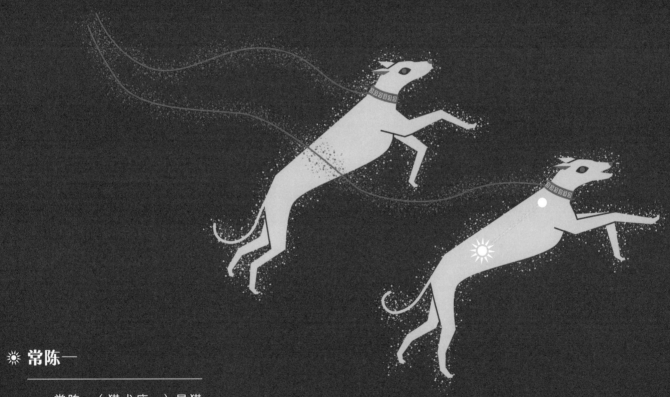

☀ **常陈一**
_____

　　常陈一（猎犬座 α）是猎犬座最亮的恒星，它的名字 Cor Caroli，在拉丁语中意为"查理的心脏"，这个名字源自英格兰国王查理一世。

蝘蜓座

位置：南半天球
蝘蜓座是一个小星座，它的星星构成了一个煎锅的形状，至今很多澳大利亚人还把它叫作"煎锅"。蝘蜓座中的那个四边形和后面延伸出来的直线很难在天空中看到。

怎样找到它

　　蝘蜓座的最佳观测时期是三月下旬到六月，你可以在南半球看到它。

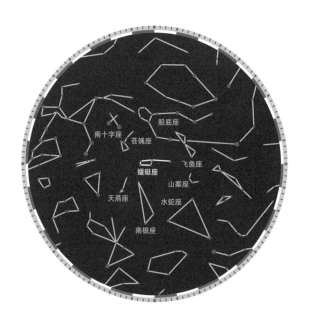

历史故事和神话传说

　　蝘蜓座的名字Chamaeleon，源自拉丁语，意为变色龙。变色龙是一种神奇的蜥蜴，它可以通过改变皮肤的颜色，来融入周围环境，以躲避捕食者。创立这个星座的荷兰探险家在穿越南半球绘制星图的旅程中，可能在马达加斯加看到了许多变色龙。

现代星座：动物与人物

变色龙

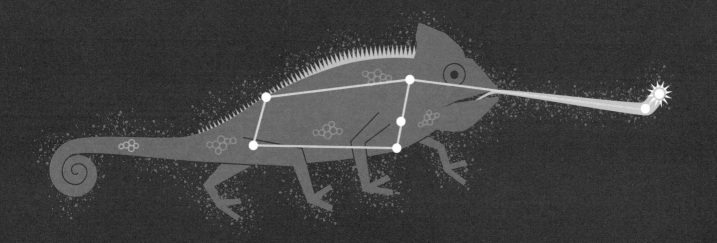

☀ **小斗增一**
_____

小斗增一（蝘蜓座α）是蝘
蜓座最亮的恒星。

天鸽座

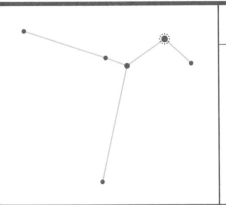

天鸽座不大但是很明亮，就像是把两个 V 字形拼在一起构成的。它位于大犬座和天兔座附近，这只"鸽子"可能会因此而觉得不安吧。

怎样找到它

天鸽座的最佳观测时期是十二月下旬到三月，你可以在南半球或在北半球的南半部地区看到它。

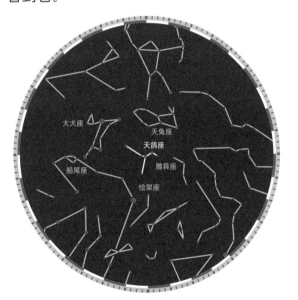

历史故事和神话传说

天鸽座的名字 Columba，在拉丁语中意为"鸽子"。鸽子是一种美丽的鸟。在《圣经》故事中，鸽子为人们带来了希望。在世界范围内的大洪水到来时，诺亚用一艘方舟装载了地球上的各种动物。他们在海上漂流了很久，后来派出一只鸽子去看洪水是否已经退去。鸽子飞回来时口衔橄榄枝，这证明了洪水已经退去，附近有陆地。在希腊神话中，阿尔戈号的英雄们去寻找金羊毛的旅途中，曾经派出一只鸽子去试探能否穿过危险的海峡。当鸽子通过之后，阿尔戈英雄们知道了他们也可以安全通过。时至今日，鸽子仍是和平的象征，能给人们带来好消息。

鸽子

剑鱼座

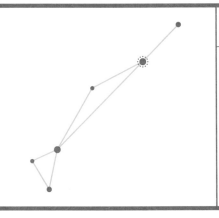

剑鱼座很小，位于**大麦哲伦云**附近。它的星星构成的形状是由一条直线连在一起的两个三角形。样子非常像一条剑鱼。

怎样找到它

剑鱼座的最佳观测时期是十二月下旬到三月，你可以在南半球或在北半球的南半部地区看到它。

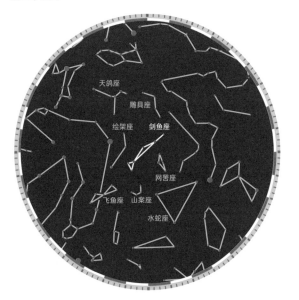

历史故事和神话传说

剑鱼座的名字 Dorado，在西班牙语中意为"金色的"，或指的是一种叫作"鲯鳅"的鱼。鲯鳅生活在温暖的热带海域，这种鱼虽然在英文中叫作 Dolphinfish，但与海豚没有亲缘关系。它比海豚小很多，样子完全不同。荷兰探险家们在南半球旅行时看到这些神奇的生物感到非常兴奋，于是用它们的名字来为新发现的星座命名。他们曾经看到过鲯鳅追逐飞鱼的情景，便把剑鱼座放在了飞鱼座旁边。

鲯鳅

☀ 金鱼二

金鱼二（剑鱼座α）是剑鱼
座最亮的恒星。

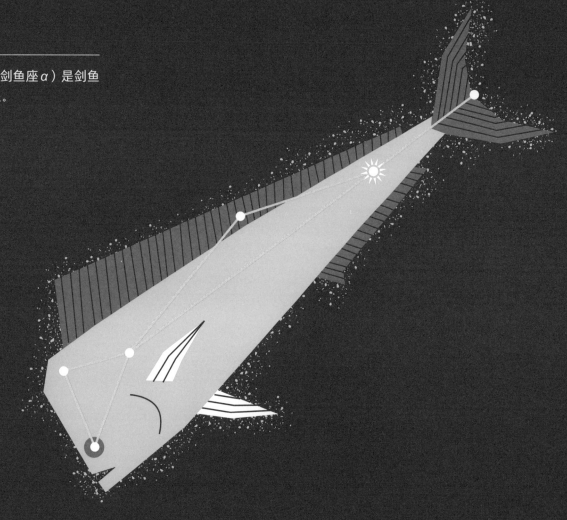

天鹤座

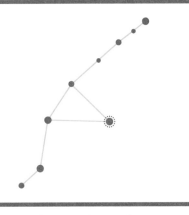

天鹤座中等大小，它的星星构成了一条一侧带着一个三角形的曲线。

怎样找到它

天鹤座的最佳观测时期是九月下旬到十二月。把北半球按纬度从北到南平均分为三份，只有在最南端的那份的区域或在南半球才能看到它。

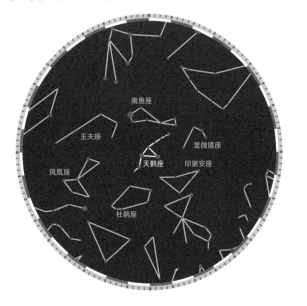

历史故事和神话传说

天鹤座的名字在拉丁语中是指一种高大优雅的鸟。在16世纪晚期，荷兰天文学家皮特鲁斯·普兰修斯让两位荷兰航海家前往印度洋绘制南方天空的星座图。根据他们的记录，普兰修斯创立了十二个新星座，并以新发现的新奇动物命名。天鹤座也曾被描绘成苍鹭或火烈鸟的图案。普兰修斯从南鱼座中借了一些星星过来，因此天鹤座中一些恒星的名字和鱼有关。

鹤

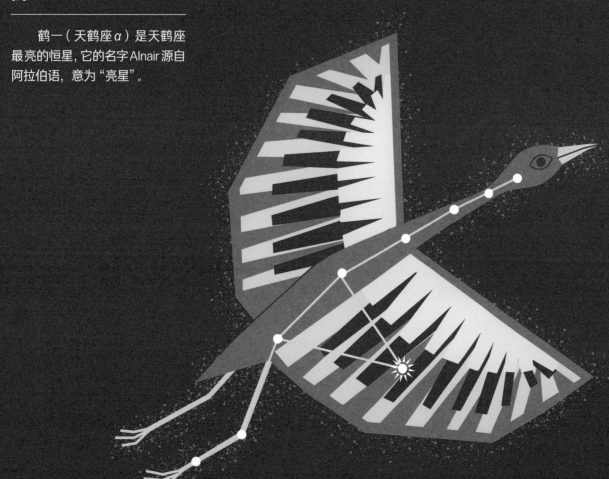

☀ **鹤一**
_____

　　鹤一（天鹤座α）是天鹤座最亮的恒星，它的名字Alnair源自阿拉伯语，意为"亮星"。

水蛇座

水蛇座很小，形状简单，它的星星构成了一个三角形。

怎样找到它

水蛇座的最佳观测时期是九月下旬到十二月，你可以在南半球或在赤道以北的一小片区域看到它。

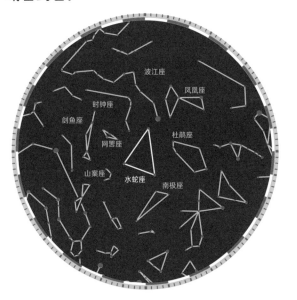

历史故事和神话传说

水蛇座的名字 Hydrus，在拉丁语中意为"较小的水蛇"，注意不要与另一条大水蛇——长蛇座（Hydra）混淆。水蛇座是由天文学家皮特鲁斯·普兰修斯命名的，很可能源于荷兰航海家在南半球海域见到的海蛇。

小水蛇

☀ **蛇尾一**

蛇尾一（水蛇座 β）是水蛇座最亮的恒星，也是太阳附近最古老的恒星之一，可能已经存在七十亿年了。

印第安座

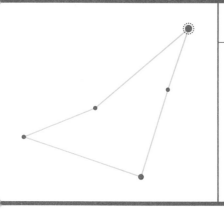

位置：南半天球

印第安座较小，它的星星构成了一个四边形。

怎样找到它

印第安座的最佳观测时期是六月下旬到九月，身处南半球或在北半球最南端的人能看到它。

历史故事和神话传说

数百年前，荷兰探险家在东印度群岛、非洲南部和马达加斯加旅行时遇到许多原住民，这个星座描绘的就是一位原住民。在这里，"印第安人"这个词（拉丁语为indus）是对原住民的统称，我们因此也了解到当时的探险家们错误地认为原住民都一样，而并非属于各自的部落或民族。与其在这里看到别人根据这一星座绘制出的某种图案，你为什么不自己想象一下这个星座的图案会是什么样子呢？

现代星座：动物与人物

印第安人

波斯二

波斯二（印第安座 α）是印第安座最亮的恒星。这一星座中亮星很少。

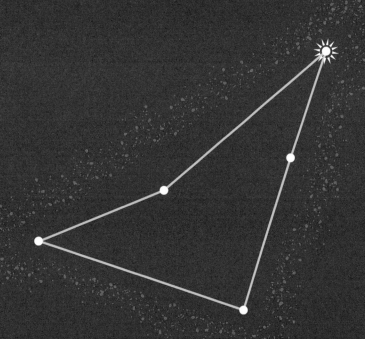

蝎虎座

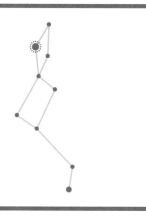

蝎虎座很小，它的星星构成了一个 W 形，很像仙后座，只不过小一些。人们有时候把它叫作"小仙后座"。当加上其中的暗星时，这个星座就像是两颗连在一起的钻石。

怎样找到它

蝎虎座的最佳观测时期是九月下旬到十二月，你可以在除南半球南半部之外的地区看到它。

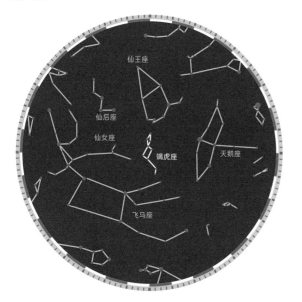

历史故事和神话传说

蝎虎座的名字 Lacerta，在拉丁语中意为"蜥蜴"。这个小星座最初被称为 Stellio，即星纹鬣蜥，它是地中海地区的一种身上有星状花纹的蜥蜴。用动物形象绘制了许多星座的波兰天文学家伊丽莎白·赫维留和约翰内斯·赫维留夫妇，最终将这个星座命名为 Lacerta。

蜥蜴

☀ 螣蛇一

螣蛇一（蝎虎座 α）是蝎虎
座最亮的恒星。

小狮座

小狮座是夜空中一个很小的星座，它的星星构成了一个一端延伸出一条直线的四边形，就像一只侧着飞的风筝。

怎样找到它

小狮座的最佳观测时期是三月下旬到六月，你可以在除南半球南半部之外的地区看到它。

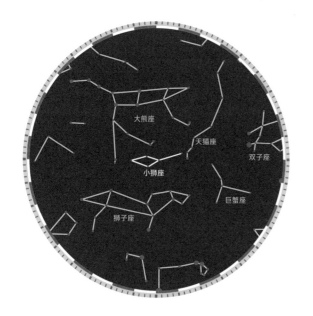

历史故事和神话传说

小狮座的名字Leo Minor，在拉丁语中意为"小狮子"。它是由17世纪的天文学家约翰内斯·赫维留和伊丽莎白·赫维留夫妇添加在比它大很多的狮子座上方的，用来填补天空中那片还没有星座的黑暗区域。目前还没有关于小狮座的神话传说或故事——也许你能自己创作一个？

小狮子

☀ **势四**

势四（小狮座46）是小狮座最亮的恒星，使用双筒望远镜，你能看到它是橙色的。它的名字Praecipua，意为"主星"。

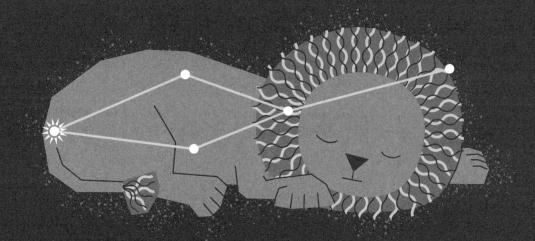

天猫座

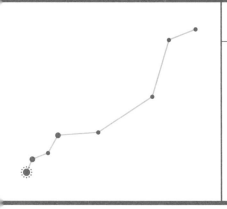

天猫座中等大小，但因为其中的恒星都很暗，所以很难被看到。这些星星构成了一条弯弯曲曲的线。

怎样找到它

天猫座的最佳观测时期是三月到六月，你可以在除南半球最南端之外的地区看到它。

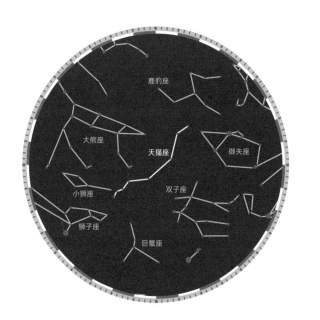

历史故事和神话传说

天猫座的名字 Lynx，指的是一种野生猫科动物——猞猁。猞猁有着极其惊人的视力，能在很远的地方发现猎物。因此，波兰天文学家约翰内斯·赫维留将分布在星座间一片开阔区域中的一群暗星连到了一起，将其命名为猞猁。他说只有如猞猁般的视力才能观察到这些难以辨认的星星。

猞猁

轩辕四（天猫座 α）是天猫座最亮的恒星。

麒麟座

　　麒麟座中等大小，它的星星构成了一个卧着的动物形象，它有着三角形的头，头上面还有一只角。

怎样找到它

　　麒麟座的最佳观测时期是十二月下旬到三月，你可以在地球上所有有人居住的地区看到它。

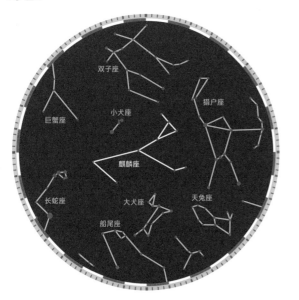

历史故事和神话传说

　　麒麟座的名字 Monoceros，在希腊语中意为"独角兽"。现在我们都知道独角兽并不存在，从来没有人见过它。但是在 17 世纪早期，当这个星座被皮特鲁斯·普兰修斯命名的时候，人们都认为独角兽这种神话中长着神奇的独角的马状生物是真实存在的。它是纯洁和温柔的象征，据说只要独角兽用它神奇的角触碰河水，就能使河水变得纯净，让人们可以放心饮用。《山海经》中记载了一种兽，它有一角，状如马，和独角兽有些相似。但中国天文学家借用了另一种兽——传统瑞兽麒麟的名字，命名了这一星座。

独角兽

☀ **参宿增二十六**

参宿增二十六（麒麟座β）
是麒麟座最亮的恒星。

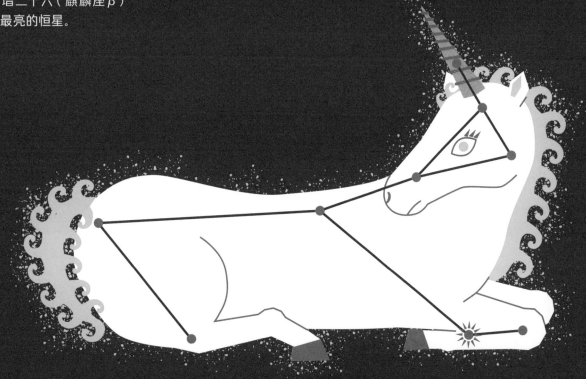

苍蝇座

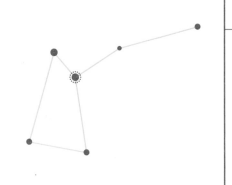

苍蝇座很小，位于南十字座附近。它的星星构成了一个犁的形状，不过它的样子也很像尖尖的勺子。

怎样找到它

苍蝇座的最佳观测时期是三月下旬到六月，你可以在南半球或在赤道以北的一小片区域看到它。

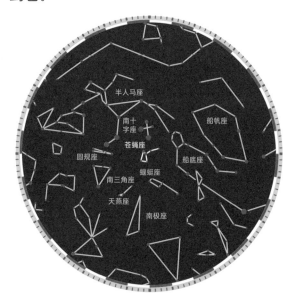

历史故事和神话传说

苍蝇座的名字 Musca，在拉丁语中意为"苍蝇"。数百年前，荷兰探险家用他们在南半球旅行时遇到的一种昆虫命名了这一星座。它是天空中唯一用昆虫命名的星座。一些古老的图画展示了附近的蝘蜓座想要把苍蝇座吃掉却没有成功的场景。

苍蝇

☀ 蜜蜂三

蜜蜂三（苍蝇座 α）是苍蝇座最亮的恒星。

孔雀座

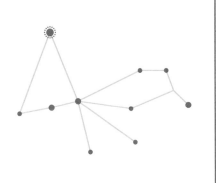

孔雀座中等大小，它的星星构成了某种鸟或鱼的形状。

怎样找到它

孔雀座的最佳观测时期是六月下旬到九月。把北半球按纬度从北到南平均分为三份，只有在最南端的那份的区域或在南半球才能看到它。

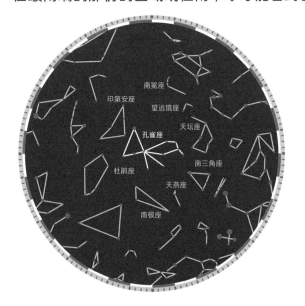

历史故事和神话传说

你能想象看到一辆由孔雀所拉的舆车穿过天空的情景吗？古代希腊众神中的神后赫拉就是坐着这样的舆车在大地和天空中巡行的。孔雀座的名字Pavo，在拉丁语中意为"孔雀"。虽然它是荷兰探险家加入现代星座中的鸟类之一，但是在古希腊神话中，它是赫拉的圣鸟，占有非常重要的地位。

孔雀

※ **孔雀十一**

孔雀十一（孔雀座 α）是孔雀座最亮的恒星。它没有传统的名字，但英国皇家空军要求所有用于导航的星星都必须有名字，且名字要简单易记，所以英国皇家航海年鉴办公室在 20 世纪 30 年代末将其命名为"Peacock"，意为"孔雀"。

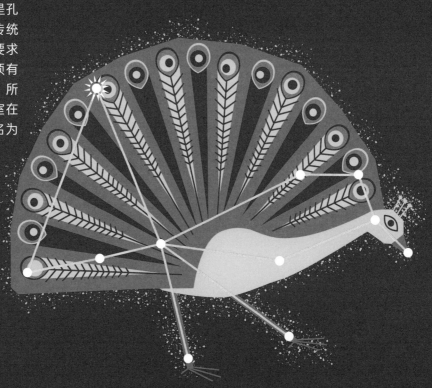

凤凰座

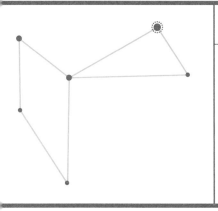

凤凰座中等大小，它的星星构成了四边形和三角形连在一起的形状。

怎样找到它

凤凰座的最佳观测时期是九月下旬到十二月。把北半球按纬度从北到南平均分为三份，只有在最南端的那份的区域或南半球才能看到它。

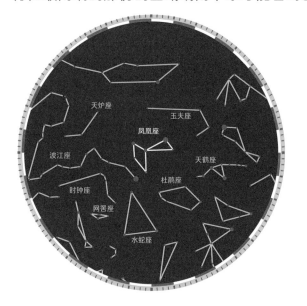

天炉座
玉夫座
凤凰座
波江座
天鹤座
时钟座
杜鹃座
网罟座
水蛇座

历史故事和神话传说

据说凤凰是神话故事中一种非常大、非常美的鸟，它色彩鲜艳，可以永生不死。有些故事讲到它死于一场大火，然后在大火的灰烬中重生。据说它也与太阳的升起和落下有关。在许多文明中，凤凰象征着死亡和重生，或者说是"归来"。凤凰座是由荷兰航海家和天文学家以奇异的或神秘的生物来命名的十二个星座中的一个。

凤凰

☀ **火鸟六**

火鸟六（凤凰座α）是凤凰
座最亮的恒星，它的名字 Ankaa
源自阿拉伯语，意为"凤凰"。

杜鹃座

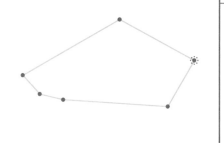

杜鹃座中等大小，其中暗淡的恒星构成了一个不规则多边形。

怎样找到它

杜鹃座的最佳观测时期是九月下旬到十二月，你可以在南半球或在赤道以北的一小片区域看到它。

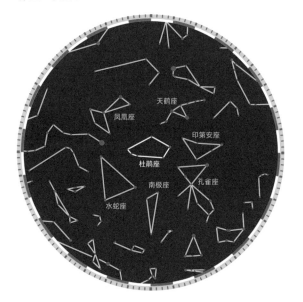

历史故事和神话传说

杜鹃座的名字Tucana，在图皮语（南美洲原住民的一种语言）中是"巨嘴鸟"的意思，将这一星座称为杜鹃座其实是一种误译。巨嘴鸟主要分布于中美洲和南美洲的热带雨林和丛林中，荷兰航海家在绘制南天星图的旅程中见到了它们。你可以很容易认出巨嘴鸟，因为它们的喙一般都很大，而且颜色非常鲜艳。除杜鹃座外，南天中还有天燕座、天鹤座、孔雀座和凤凰座等与鸟有关的星座。

巨嘴鸟

☀ 鸟喙一

鸟喙一（杜鹃座α）是杜鹃座最亮的恒星。

飞鱼座

飞鱼座非常小，它的星星构成了两个连在一起的三角形。

怎样找到它

飞鱼座的最佳观测时期是十二月下旬到三月，你可以在南半球或在赤道以北的一小片区域看到它。

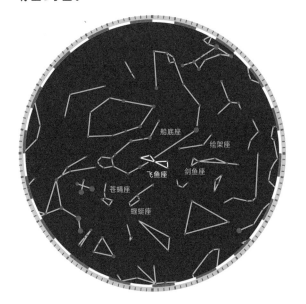

历史故事和神话传说

你见过飞鱼吗？飞鱼是一种生活在热带的鱼，它可以跳出水面很高，然后用翅膀一样的鳍在空中滑翔。荷兰航海家在旅行中看到了飞鱼，为了表示敬意，就以它们的名字命名了这个星座。飞鱼座的名字 Volans，在拉丁语中意为"飞行"。飞鱼座通常会被描绘成被剑鱼座追逐的样子，在现实生活中，鲯鳅也会这样追逐飞鱼！

飞鱼

☀ **飞鱼三**

飞鱼三（飞鱼座 β）是飞鱼座最亮的恒星。

狐狸座

狐狸座较小，它的星星构成了一条直线。

怎样找到它

狐狸座的最佳观测时期是六月下旬到九月，你可以在除南半球最南端之外的地区看到它。

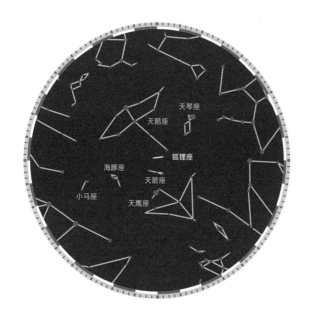

历史故事和神话传说

起初，波兰天文学家约翰内斯·赫维留把这个星座描绘成了一只捕猎归来的狐狸嘴里叼着一只鹅的形象。他把这个星座放在另外两种狩猎动物 —— 天鹰座的老鹰和天琴座的秃鹫（古时候天琴座的图案是一只秃鹫）旁边。后来他把这一星座分成了两种不同的动物：Anser（在拉丁语中意为"鹅"）和 Vulpecula（在拉丁语中意为"小狐狸"）。如今，这只鹅的形象已经没有再出现在这个星座图案里面了（也许是被狐狸吃掉了）。但是 Anser 成了狐狸座中最明亮的恒星的名字。

狐狸

☀ **齐增五**

———————————————

　　齐增五（狐狸座 α）是狐狸座最亮的恒星，它的名字 Anser 在拉丁语中意为"鹅"。

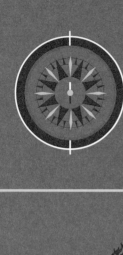

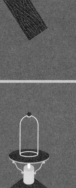

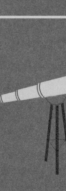

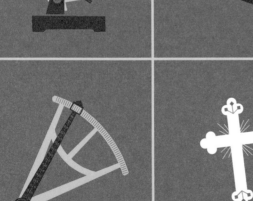
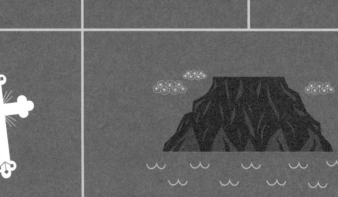

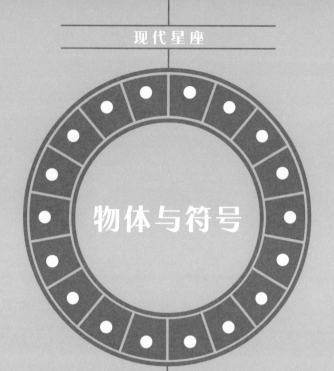

物体与符号

有些人认为用物体和工具来为星座命名，远不如用神话人物和激动人心的故事来命名有趣。但是法国天文学家尼可拉·路易·德·拉卡伊可不同意这个观点！1854年，拉卡伊前往位于南非的好望角天文台，花了两年时间对南天的一万多颗恒星进行编目，并创立了14个新的星座，其中包括山案座，以纪念他所在的天文台窗外的桌案山。

对拉卡伊这样的探险家和天文学家来说，新的科学研究工具非常重要。正是借助它们，人们才做到了以前做梦也做不到的事情，看到了以前做梦也看不到的景象。例如，显微镜可以让科学家深入观察日常世界，看到微小的物质以及它们的组合方式；望远镜可以让人们更好地观察星空，帮助天文学家更准确地了解宇宙和人类在宇宙中的位置。与此同时，天文学家也没有忘记用来绘制天空中的新图案的工具，便把这些工具也放到了天空中，为新发现的星座命名。

唧筒座

唧筒座很小，它的星星构成了一个颠倒的 V 字形。

怎样找到它

唧筒座的最佳观测时期是三月下旬到六月，你可以在除北半球北半部之外的地区看到它。

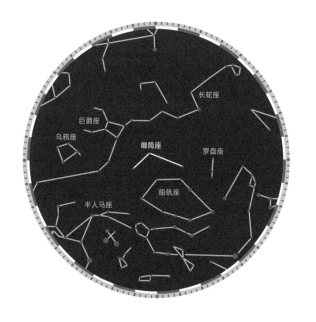

历史故事和神话传说

唧筒，如今一般称为气泵，是一种将空气充入某种容器或装置的设备。如今，人们依然用它来为轮胎充气，或是向鱼缸中泵入鱼类所需的氧气。唧筒座的名字 Antlia，最初叫作 Antlia Pneumatica，是由法国天文学家尼可拉·路易·德·拉卡伊创立的。当时，人们正在**工程学**和**物理学**领域展开进一步的探索，唧筒座也应运而生，成了发明和创新的象征，也是对工程师和学者们的致敬。

气泵

近天纪增二（唧筒座 α）是
唧筒座最亮的恒星。

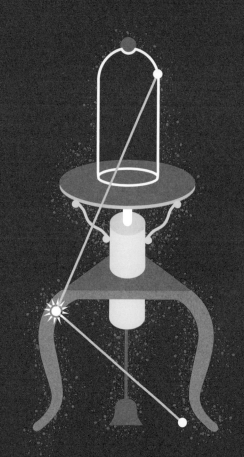

雕具座

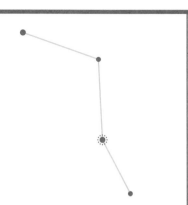

雕具座是天空中非常小的星座，它的星星构成了有点儿像钩子的形状。

怎样找到它

雕具座的最佳观测时期是十二月下旬到三月，你可以在除了北半球北半部之外的地区看到它。

历史故事和神话传说

雕具座最初被称为 Caelum Scalptoris，是由尼可拉·路易·德·拉卡伊以雕刻家或刻版师的凿子命名的。这种凿子发明于书籍印刷蓬勃发展的十七世纪。据推测，人们可能当时用它在印版上进行精细雕刻，这样星座或其他主题的艺术形象就可以被多次复制，从而得到大规模传播。后来，雕具座的名字简化成了Caelum。

凿子

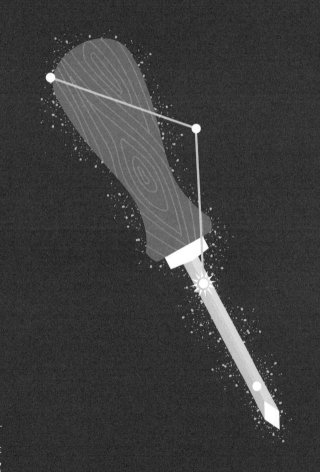

☀ **近天园增六**
_____

　　近天园增六（雕具座 α）是
雕具座最亮的恒星，实际上它
是一个双星系统，是由两颗相
互绕转的恒星组成的。

圆规座

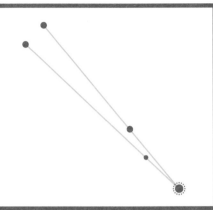

位置：南半天球

　　圆规座是全天第四小的星座，它的星星构成了一个窄窄的V字形。

怎样找到它

　　圆规座的最佳观测时期是六月下旬到九月。你可以把北半球按纬度从北到南平均分为三份，只有在最南端的那份的区域或在南半球才能看到它。

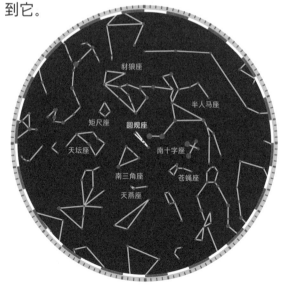

豺狼座
半人马座
矩尺座
圆规座
天坛座
南十字座
南三角座
苍蝇座
天燕座

历史故事和神话传说

　　你知道要怎么用笔画出一个完美的圆吗？圆规座的名字Circinus，在拉丁语中的意思就是"圆规"。这种工具可以帮助工程师和设计师画出完美的圆。天文学家尼可拉·路易·德·拉卡伊命名了圆规座。他在南非南部待了两年，观测南天星星，将超过一万颗恒星标注在了星图上，还创立了十四个新星座，并用科学家和发明家所用到的重要工具为它们命名。

圆规

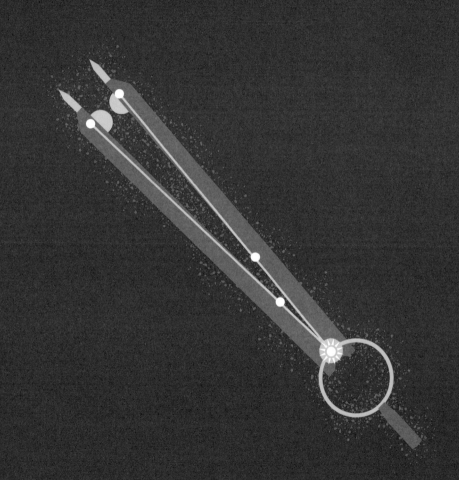

☀ **南门增二**
_____

南门增二（圆规座 α）是圆
规座最亮的恒星。

南十字座

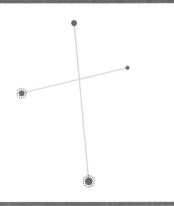

南十字座是全天最小的星座，它位于银河之中，它的星星构成了一个十字形。南十字座在导航中非常重要，因为它拥有多颗亮星，而且南十字座较长的那条竖线沿十字架二的方向指向南天极。

怎样找到它

南十字座的最佳观测时期是三月下旬到六月。把北半球按纬度从北到南平均分为三份，只有在最南端的那份的区域或在南半球才能看到它。

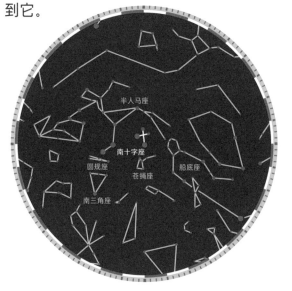

历史故事和神话传说

南十字座的名字 Crux，源于拉丁语，意为"十字架"。大约两千年前，人们认为这个星座是半人马座后腿的一部分。但是由于地球倾斜角度的变化，随着时间的推移，欧洲人再也看不到这些恒星了，它们被渐渐遗忘了。五百年前，欧洲探险家在前往南半球探险的旅途中重新发现了这些恒星。这些人看到这一星座和基督教十字架那么相似，感到十分震惊。他们认为这是一个好兆头，是对他们的探险之旅献上的祝福。

南方的十字架

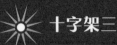

十字架三

十字架三（南十字座 β），视星等1.25（亮度会发生变化），是南十字座第二亮星，也是全天第十九亮星。南十字座的图案出现在了澳大利亚、巴西、新西兰、巴布亚新几内亚和萨摩亚的国旗上。

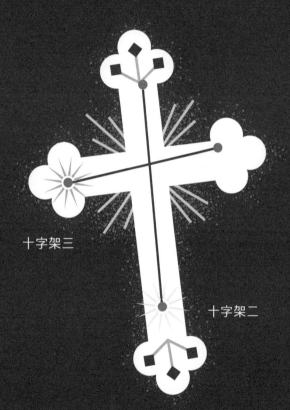

十字架三

十字架二

十字架二

十字架二（南十字座 α），视星等0.85，是南十字座最亮的恒星，也是全天第十三亮星。

天炉座

位置：南半天球

天炉座中等大小，它的星星构成了一个较宽的 V 字形。

怎样找到它

天炉座的最佳观测时期是十二月下旬到三月，你可以在南半球或在北半球的南半部看到它。

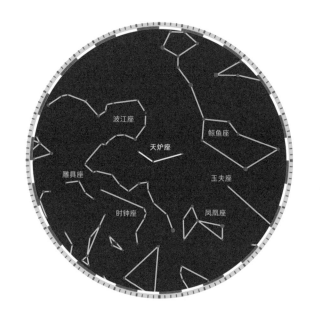

历史故事和神话传说

熔炉是一种能产生高温的设备，有点像一个非常复杂的壁炉。这一星座是由尼可拉·路易·德·拉卡伊命名的，它的名字 Fornax 在希腊语中意为"炉"。插图中描绘的这种熔炉至今仍为科学家所使用。化学家用它来将液体中的不同成分分离出来，或者去除其中的有害物质。如今，人们依旧在用类似的设备分离咖啡因，制造脱咖啡因咖啡！

熔炉

☀ **天苑增三**

天苑增三（天炉座 α）是天炉座最亮的恒星。

时钟座

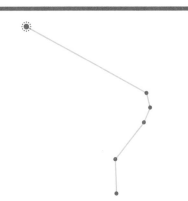

　　时钟座是天空中较小的星座之一，它的星星构成了一段直线和一段曲线相接的形状。

怎样找到它

　　时钟座的最佳观测时期是十二月下旬到三月。你可以把北半球按纬度从北到南平均分为三份，只有在最南端的那份的区域或在南半球才能看到它。

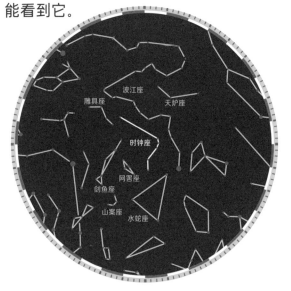

历史故事和神话传说

　　时钟座的名字 Horologium，在拉丁语中意为"摆钟"。18 世纪，天文学家尼可拉·路易·德·拉卡伊创立了这一星座并为其命名。当时，世界上还没有手机之类的电子设备，摆钟是人类所拥有的最准确的计时设备。摆钟使用一个摆动的重物 —— 摆锤来计时。早期摆钟的摆锤是放在外面的，后来随着技术的发展，终于被装进了盒子里。天文摆钟曾帮助早期天文学家追踪恒星的位置。

摆钟

☀ **天园增六**

天园增六（时钟座 α）是时钟座最亮的恒星，通常作为时钟的钟摆绘制在这一星座图案上。

山案座

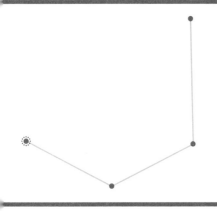

山案座非常小，很难被人们看到，根据观测的角度不同，它的星星构成了一个篮子或是屋顶的形状。

怎样找到它

山案座的最佳观测时期是十二月下旬到三月，你可以在南半球或在赤道以北的一小片区域看到它。

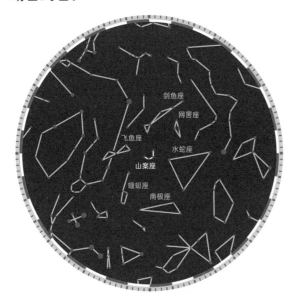

历史故事和神话传说

桌案山是南非著名的平顶山，山的顶部又长又平，就像一张超级大的桌子，你可以在山顶俯瞰整个开普敦。它的名字Mensa，在拉丁语中意为"桌子"。法国天文学家尼可拉·路易·德·拉卡伊曾在南非开普敦待了很长时间来编制南天星表，便用桌案山命名了这一星座，以纪念他工作过的地方。而位于山案座上方的那片模糊的大麦哲伦云，就仿佛是覆盖在地球上的桌案山上方的云朵。

桌案山

☀ **山案座 α**

　　山案座 α 是山案座最亮的恒星。

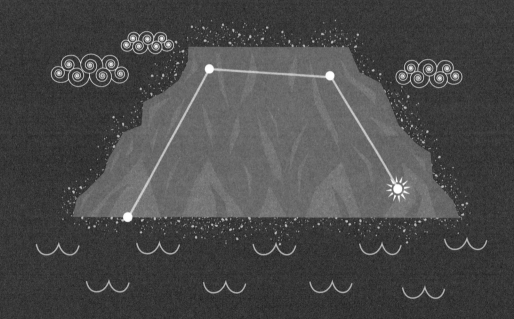

显微镜座

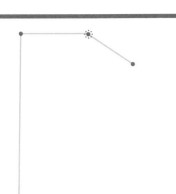

位置：南半天球

　　显微镜座非常小，也非常暗淡，它的星星构成了小写字母r的形状。

怎样找到它

　　显微镜座的最佳观测时期是六月下旬到九月，你可以在除北半球北半部之外的地区看到它。

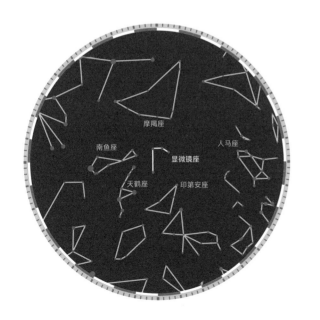

摩羯座

南鱼座

人马座

显微镜座

天鹤座　印第安座

历史故事和神话传说

　　显微镜是一种利用透镜将小物体放大的工具。在那个现代星座被逐渐创立的年代，它还是科学界众多激动人心的新发明之一。插图中绘制的是现代显微镜，可能和你今天看到的显微镜差不多。为这个星座命名的尼可拉·路易·德·拉卡伊从人马座的后腿上借来了几颗星星，完成了这一图案。

显微镜

☀ **璃瑜增一**

璃瑜增一（显微镜座 γ）是显微镜座最亮的恒星。

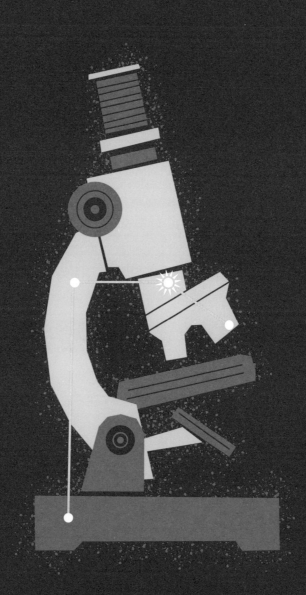

矩尺座

矩尺座非常小，它的星星构成了一个不规则多边形。

怎样找到它

矩尺座的最佳观测时期是六月下旬到九月。把北半球按纬度从北到南平均分为三份，只有在最南端的那份的区域或在南半球才能看到它。

历史故事和神话传说

工程师、木匠和制图人员需要准确而详细地绘制机械发明或建筑物的设计图。矩尺又叫角尺，是一种用于测量和绘图的工具，它在拉丁语中被称为Norma，也是这个星座的名称。数百年前，尼可拉·路易·德·拉卡伊所处的时代出现了许多新发明，而将那些新创意、新发明准确地绘制成图纸非常重要。所以，矩尺这种绘图测量工具就被拉卡伊用于星座命名。

角尺

近波斯一（矩尺座γ）是矩
尺座最亮的恒星。

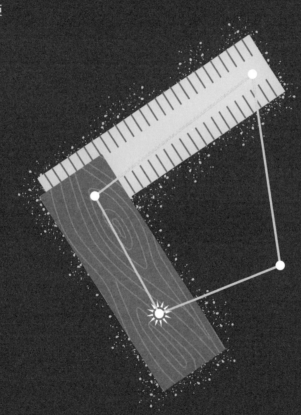

南极座

位置：南半天球

南极座中等大小，它的星星构成了一个三角形。南天极就在这个星座中。

怎样找到它

南极座的最佳观测时期是九月下旬到十二月，你只能在南半球看到它。

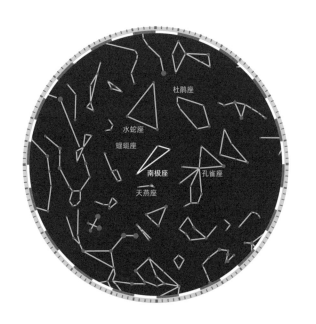

历史故事和神话传说

南极座是以它的位置来命名的，但它的名称Octans其实指的是八分仪，因此最初也被称为八分仪座。八分仪曾在数百年的时间里帮助人们观测恒星，帮助他们在海洋中寻找方向。在这个星座被尼可拉·路易·德·拉卡伊创立出来的时候，八分仪还是一项新发明，但很快就成了水手、航海家和天文学家手中的重要工具。航海家们在使用八分仪时，会通过调整活动臂，让恒星（包括太阳）的反射影像与海平面方向重合。这样就可以从刻度上读出恒星的高度，再据此计算出他们所处位置与赤道间的距离。Octans在拉丁语中意为"八分之一圆周"，这也是八分仪所能测量的最大角度。

八分仪

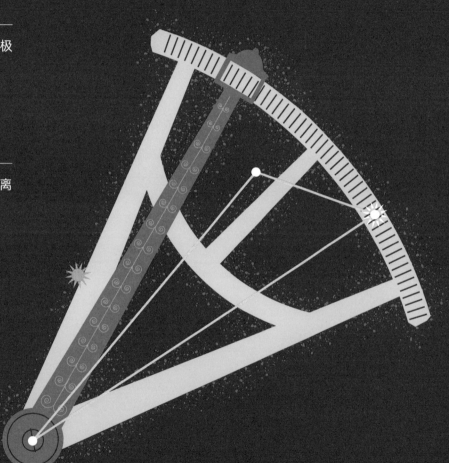

☀ 蛇尾三

蛇尾三（南极座ν）是南极座最亮的恒星。

✵ 南极星

南极星（南极座σ）是距离南天极最近的恒星。

绘架座

位置：南半天球

绘架座中等大小，它的星星构成了一条折线。虽然它的星星大多很暗，但因为它在全天第二亮星老人星的附近，所以不难找到。

怎样找到它

绘架座的最佳观测时期是十二月下旬到三月。你可以把北半球按纬度从北到南平均分为三份，只有在最南端的那份的区域或在南半球才能看到它。

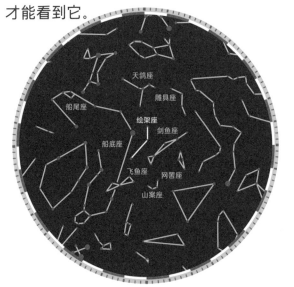

历史故事和神话传说

在照片和照相机出现之前，记录星星的唯一方法就是把它画下来。艺术家们努力工作，以期准确记录他们在天空中看到的景象。然后，天文学家再运用他们的想象力和技巧，根据相关的神话形象或是科学事物，为每一个星座绘制图案。尼可拉·路易·德·拉卡伊将这一星座想象为艺术家的画架和调色板，来向艺术家致敬。这个星座的名字是Pictor，在拉丁语中意为"画架"。

画架

☀ **金鱼增一**

金鱼增一（绘架座 α）是绘
架座最亮的恒星。

罗盘座

罗盘座较小，它的星星构成了一条由三颗恒星连成的线。

怎样找到它

罗盘座的最佳观测时期是三月下旬到六月，你可以在南半球或北半球的南半部看到它。

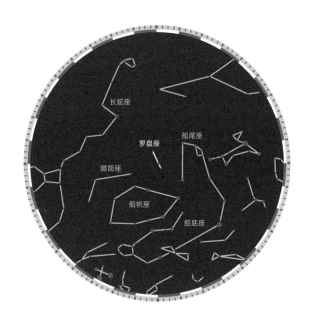

历史故事和神话传说

罗盘座的名字Pyxis，在拉丁语中意为"航海罗盘"。航海罗盘是一种水手航海时使用的工具，样子有点像老式的钟表，是用来导航的。它的里面有一根磁针。磁力让针一直指向北方，使用罗盘的人就能知道自己面对的是哪个方向了。特别是在天气条件较差，无法利用恒星导航的时候，罗盘是一种至关重要的导航工具。罗盘座位于天空中南船座（被拆分为船帆座、船底座、船尾座）的旁边，这样天空中的阿尔戈英雄们就可以使用它了！

罗盘

☀ 天狗五

天狗五（罗盘座α）是罗盘座最亮的恒星。

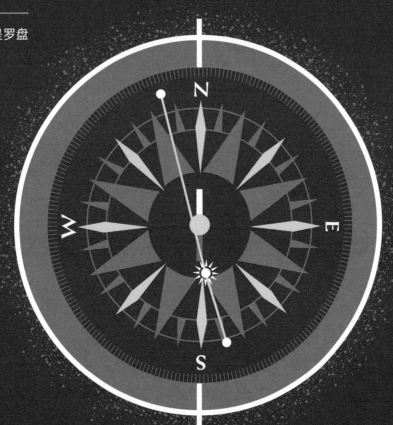

网罟座

位置：南半天球

网罟座是天空中非常小的星座。它的星星构成了一个小小的四边形。

怎样找到它

网罟座的最佳观测时期是十二月下旬到三月。把北半球按纬度从北到南平均分为四份，只有在最南端的那份的区域或在南半球才能看到它。

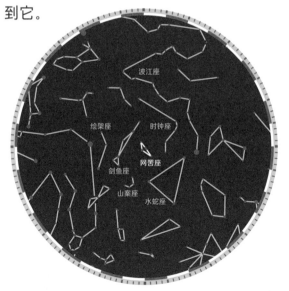

历史故事和神话传说

网罟座的名字 Reticulum，在拉丁文中意为"小网"。它并不是一张渔网，而是由刻在望远镜镜头内的细线交织而成的小网。这些细线是用来帮助天文学家精确地观察和测量恒星的。如果你移动望远镜，使一颗恒星处于网（或说十字丝）的中心，就能测量出这颗恒星有多大以及它离其他恒星有多远。由于它的形状，网罟座最初被德国天文学家伊萨克·哈布莱希特二世称为菱形星座（Rhombus），但尼可拉·路易·德·拉卡伊为了纪念天文学家使用的望远镜中的这个重要的小元素，将其重新命名为网罟座。

网

☀ **夹白二**

———————————

夹白二（网罟座α）是网罟座最亮的恒星。

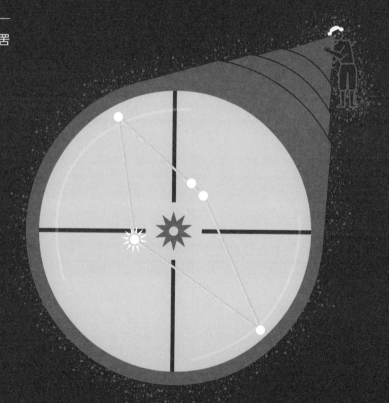

玉夫座

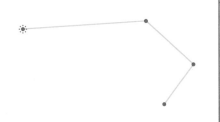

位置：南半天球	
	玉夫座中等大小，它的星星都比较暗，构成了一个钩子的形状。

怎样找到它

玉夫座的最佳观测时期是九月下旬到十二月。把北半球按纬度从北到南平均分为三份，除了最北端的那份的区域之外都可以看到它。

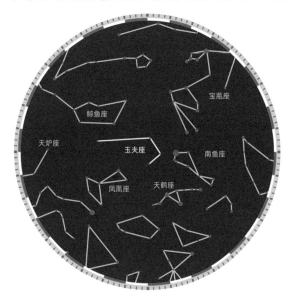

历史故事和神话传说

这个星座的名字虽然后来被简化为Sculptor，意为雕刻家（中文称为玉雕师），但它最初的名字却叫L'Atelier du Sculpteur，在法语中意为"雕刻家的工作室"。这似乎会是一个非常复杂的场景，不过这个星座的图案却非常简单：只有一座雕像（头部和颈部的雕塑）和一张三脚桌。天文学家尼可拉·路易·德·拉卡伊想象出了这一图案。

雕刻家

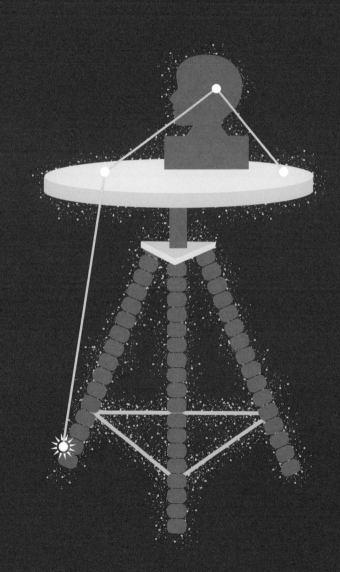

☀ **近土司空南**

近土司空南（玉夫座α）是玉夫座最亮的恒星。

盾牌座

位置：南半天球

盾牌座非常小，它的星星构成了一个细长的四边形。

怎样找到它

盾牌座的最佳观测时期是六月下旬到九月，你可以在地球上所有有人居住的地区看到它。

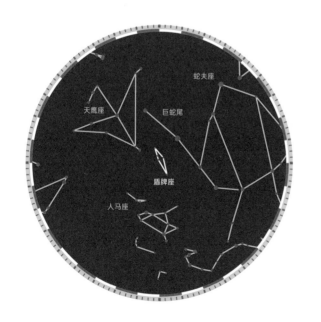

历史故事和神话传说

盾牌座的名字 Scutum，在拉丁语中意为"盾牌"，指的是一种特殊的长方形弧面盾。最初，它被称作"索别斯基的盾牌"，这一名字是为了纪念一位波兰国王。1679 年，一场可怕的大火几乎烧毁了约翰内斯·赫维留天文台，这位波兰国王帮助他重建了天文台。约翰内斯·赫维留和妻子伊丽莎白一起，不仅发现了很多星座，绘制了第一张详细的月球图，还创造和改进了一些科学仪器。

盾牌

☀ **天弁一**

天弁一（盾牌座 α）是盾牌座最亮的恒星。

六分仪座

六分仪座中等大小，它的星星都很暗淡，构成了一个钩子的形状。

怎样找到它

六分仪座的最佳观测时期是三月下旬到六月，你可以在地球上所有有人居住的地区看到它。

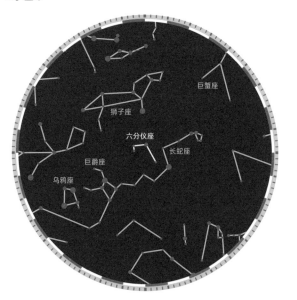

历史故事和神话传说

和八分仪一样，六分仪也是一种导航工具，但它的扇形框架不是八分之一圆，而是六分之一圆。航海家们可以利用六分仪测量天体与海平线的夹角，从而确定他们所在位置的**经度**和纬度。天文学家约翰内斯·赫维留的一台珍贵的六分仪在大火中被烧毁，但它的形象被绘制在了天空中。

现代星座：物体与符号

六分仪

天相二（六分仪座α）是六
分仪座最亮的恒星。

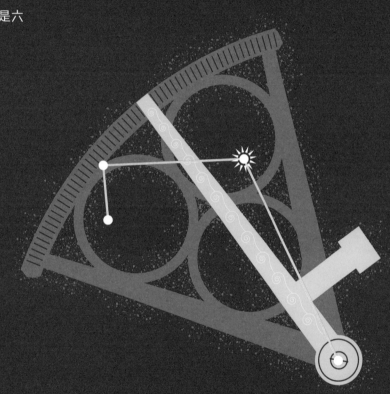

望远镜座

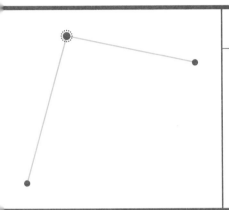

望远镜座很小也很暗淡，它的星星构成了一个敞口 V 字形。

怎样找到它

望远镜座的最佳观测时期是六月下旬到九月，你可以在南半球或在北半球的南半部看到它。

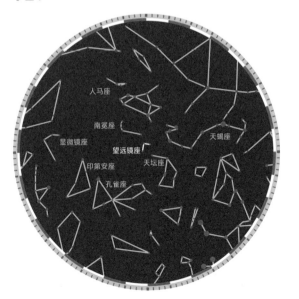

历史故事和神话传说

在用各种工具仪器命名新发现的星座的时代，尼可拉·路易·德·拉卡伊在其中添加一台望远镜也算十分合理了！望远镜是一种可以用来看清远处物体的工具，天文学家们用它来观测星星。如今，我们能够制造功能非常强大的玻璃透镜，所以望远镜的镜筒可以做得比较短，但在早期，镜筒需要做得比较长才行。

望远镜

鳖一（望远镜座 α）是望远镜座最亮的恒星。

南三角座

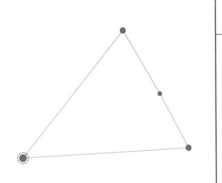

南三角座是天空中非常小的星座，甚至比北天的三角座还要小。它的星星也构成了一个三角形。

怎样找到它

南三角座的最佳观测时期是六月下旬到九月。把北半球按纬度从北到南平均分成四份，只有在最南端的那份的区域或在南半球才能看到它。

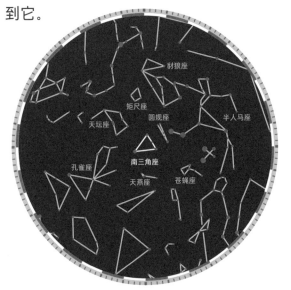

历史故事和神话传说

南三角座的名字 Triangulum Australe，在拉丁语中意为"南方的三角"。在被绘制到现在这个位置之前，人们曾在天空中的几个不同地方绘制过它。最初，荷兰天文学家皮特鲁斯·普兰修斯把这一星座想象成了一台水准仪，那是一种用来建立与地平线平行的完美水平面的科学工具，能帮助测量恒星的距离。他把这一星座称为南极三角座（Triangulum Antarcticus），但是把它在**天球仪**上的位置放错了。天文学家约翰·拜耳将这一星座记录在了星图中，并把它移动到了正确的位置，将其称为南三角座。后来，尼可拉·路易·德·拉卡伊将它重新命名为南三角（le Triangle Austral），专门用来表示测量员用的水准仪。

南方的三角

☀ 三角形三

三角形三（南三角座 α）是
南三角座最亮的恒星，在南天
也算较亮的恒星了。

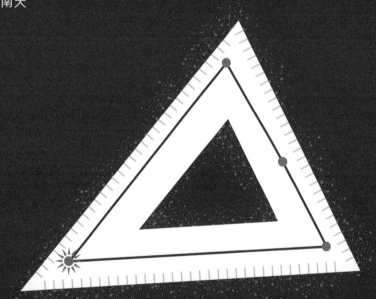

星图和其他资源

了解星星的工具

这里列出了一些有用的工具，可以帮助你进一步展开你的观星活动。

活动星图

活动星图又称为旋转星图，是一种圆形星图，可以显示出在特定时间和地点进行观测时，恒星在天空中出现的位置。你可以在书店、科技馆或是网店上买到活动星图，也可以在成年人的帮助下利用以下网站制作属于自己的活动星图。

https://in-the-sky.org/planisphere/index.php

智能手机 APP

将手机对准天空，使用 Skyview 和 Star Walk 等手机 APP 就可以显示出你所看到的是哪些星座或恒星。

书籍

* 《星座，我们一起去发现》，（美）H. A. 雷 著

* 《星空的奥秘》，（美）H. A. 雷 著

* 《DK星座百科：初学者观星指南》，英国DK公司 编

网站

你可以在家长的帮助下前往以下网站，去看天空中的星座。

* https://theskylive.com/planetarium

* https://in-the-sky.org/skymap.php

如何使用星图

后面几页提供的星图可以帮你确定天空中的某个星座相对于其他星座的位置，以及它在一年中特定的时段出现的位置。

这些星图向我们展示了整个夜空的情景，但是你能看到的区域取决于你所处的位置。为了获得指定日期和时间下更为精确的星空景象，你可以使用活动星图、相关手机 APP 或是网站。

若想在星图上找到黄道星座，你可以沿着表示黄道的金色虚线进行寻找。

如果你位于北半球或南半球的高纬度地区，太阳很晚才会落山，那么你在上床睡觉之前就很难看到星座了。这样的话，你可能得在冬天太阳落山较早的时候再出来观星。

*　　*　　*

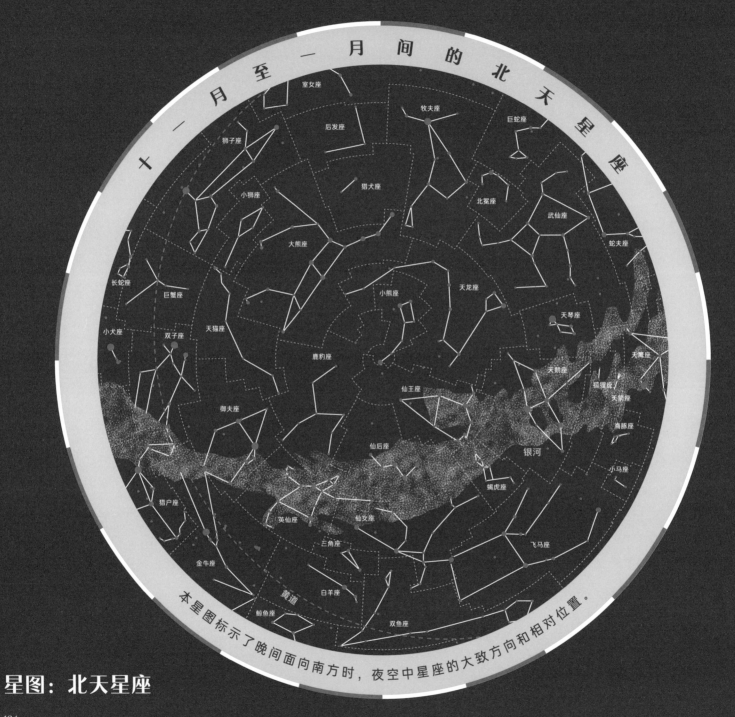

室女座
牧夫座
巨蛇座
后发座
狮子座
猎犬座
北冕座
武仙座
小狮座
蛇夫座
大熊座
长蛇座
巨蟹座
小熊座
天龙座
天琴座
天猫座
小犬座
双子座
鹿豹座
天鹰座
御夫座
仙王座
狐狸座
天箭座
海豚座
仙后座
小马座
银河
蝎虎座
猎户座
英仙座
仙女座
三角座
金牛座
飞马座
白羊座
黄道
鲸鱼座
双鱼座

本星图标示了晚间面向南方时，夜空中星座的大致方向和相对位置。

星图：北天星座

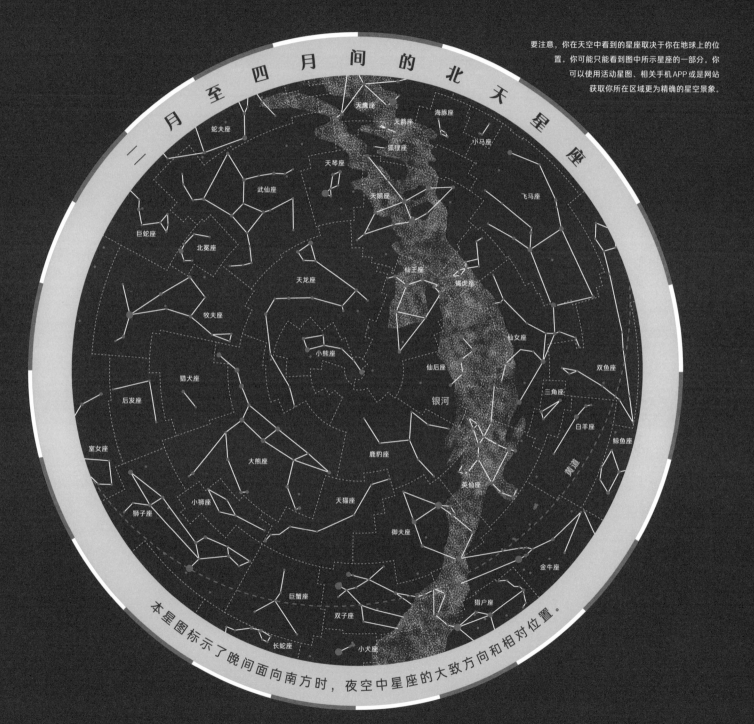

一 月 至 四 月 间 的 北 天 星 座

蛇夫座

巨蛇座

武仙座

北冕座

牧夫座

天龙座

小熊座

猎犬座

后发座

室女座

大熊座

小狮座

狮子座

天琴座

天鹰座

天箭座

狐狸座

天鹅座

仙王座

蝎虎座

仙后座

仙女座

鹿豹座

天猫座

御夫座

英仙座

海豚座

小马座

飞马座

双鱼座

三角座

白羊座

鲸鱼座

金牛座

猎户座

黄道

银河

巨蟹座

双子座

长蛇座

小犬座

本星图标示了晚间面向南方时，夜空中星座的大致方向和相对位置。

195

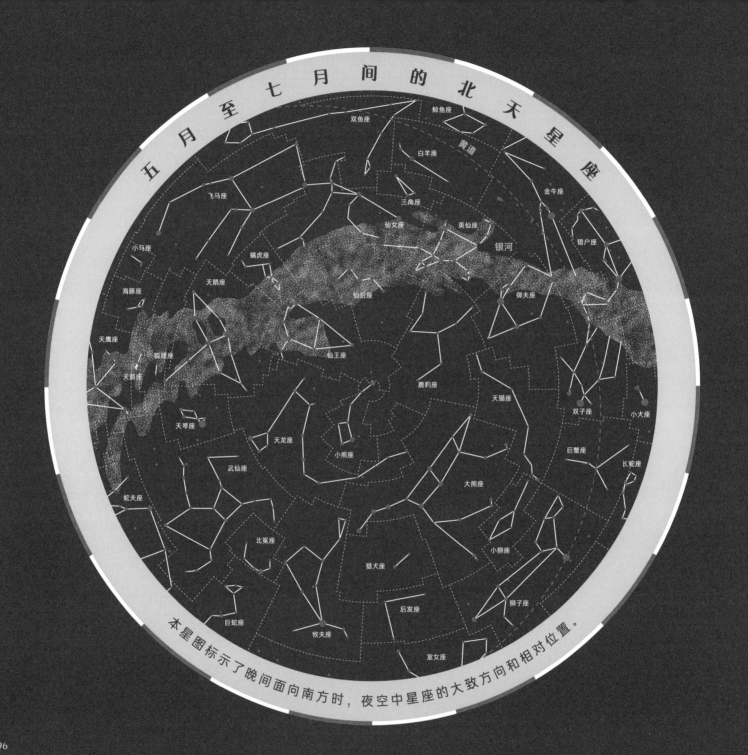

双鱼座　鲸鱼座　黄道　白羊座　金牛座　三角座　仙女座　英仙座　银河　猎户座　飞马座　蝎虎座　仙后座　御夫座　小马座　天鹅座　海豚座　仙王座　天鹰座　狐狸座　鹿豹座　天猫座　双子座　小犬座　天箭座　天琴座　天龙座　小熊座　巨蟹座　长蛇座　武仙座　大熊座　蛇夫座　北冕座　小狮座　猎犬座　巨蛇座　后发座　狮子座　牧夫座　室女座

本星图标示了晚间面向南方时，夜空中星座的大致方向和相对位置。

196

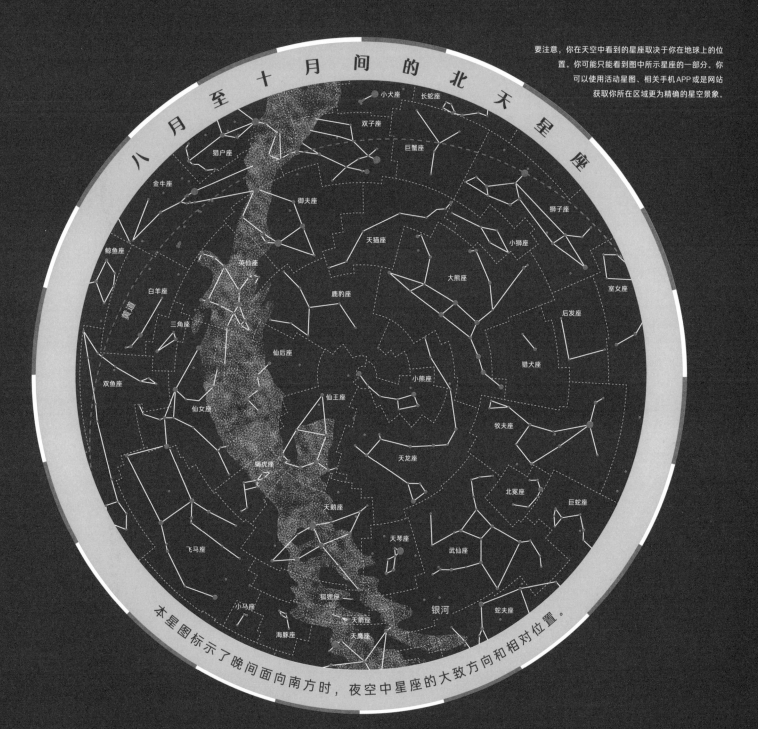

八 月 至 十 月 间 的 北 天 星 座

要注意，你在天空中看到的星座取决于你在地球上的位置。你可能只能看到图中所示星座的一部分。你可以使用活动星图、相关手机APP或是网站获取你所在区域更为精确的星空景象。

小犬座
长蛇座
双子座
巨蟹座
狮子座
猎户座
御夫座
天猫座
小狮座
金牛座
大熊座
室女座
鹿豹座
鲸鱼座
英仙座
后发座
白羊座
三角座
仙后座
猎犬座
黄道
双鱼座
小熊座
仙女座
牧夫座
仙王座
天龙座
蝎虎座
北冕座
巨蛇座
天鹅座
武仙座
飞马座
天琴座
蛇夫座
小马座
狐狸座
银河
天箭座
海豚座
天鹰座

本星图标示了晚间面向南方时，夜空中星座的大致方向和相对位置。

197

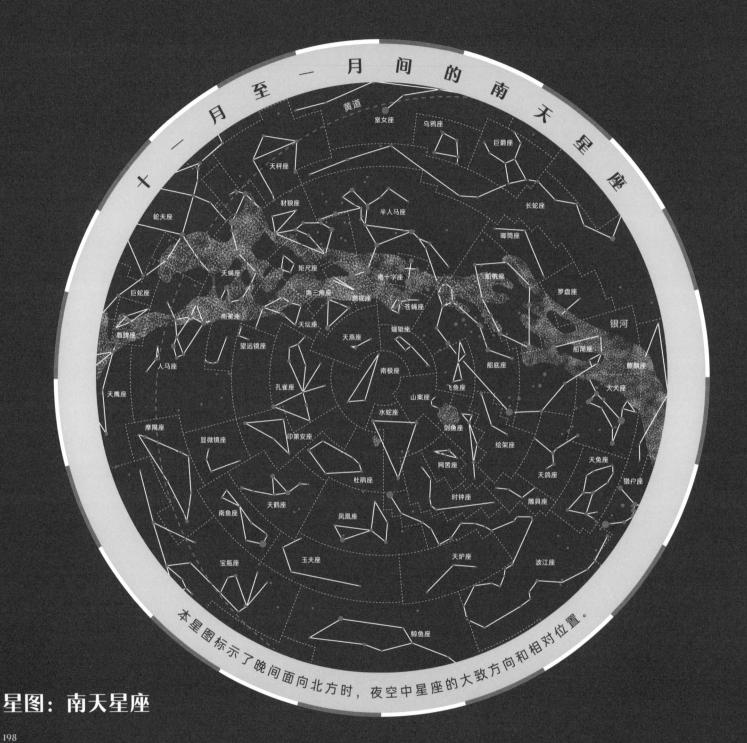

星图中的文字标注：

黄道
室女座
乌鸦座
巨爵座
天秤座
豺狼座
半人马座
长蛇座
蛇夫座
唧筒座
矩尺座
南十字座
船帆座
巨蛇座
天蝎座
圆规座
罗盘座
南冕座
圆三角座
苍蝇座
银河
盾牌座
天坛座
蝘蜓座
剑鱼座
望远镜座
天燕座
船底座
船尾座
人马座
孔雀座
南极座
飞鱼座
麒麟座
天鹰座
山案座
大犬座
摩羯座
显微镜座
印第安座
水蛇座
剑鱼座
绘架座
猎户座
网罟座
天鸽座
杜鹃座
时钟座
雕具座
天兔座
南鱼座
天鹤座
凤凰座
玉夫座
天炉座
波江座
宝瓶座
鲸鱼座

星图：南天星座

198

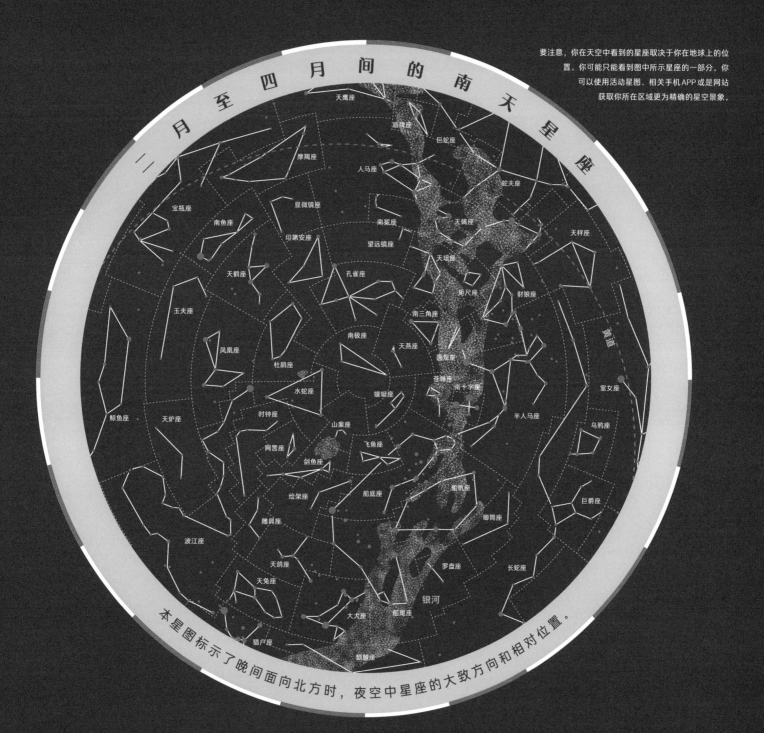

二 月 至 四 月 间 的 南 天 星 座

要注意，你在天空中看到的星座取决于你在地球上的位置。你可能只能看到图中所示星座的一部分。你可以使用活动星图、相关手机APP或是网站获取你所在区域更为精确的星空景象。

天鹰座
盾牌座
巨蛇座
人马座
蛇夫座
宝瓶座
显微镜座
南冕座
天蝎座
南鱼座
印第安座
望远镜座
天坛座
天秤座
天鹤座
孔雀座
矩尺座
豺狼座
玉夫座
南三角座
南极座
天燕座
圆规座
室女座
凤凰座
杜鹃座
苍蝇座
南十字座
水蛇座
蝘蜓座
半人马座
时钟座
乌鸦座
山案座
飞鱼座
网罟座
船帆座
巨爵座
剑鱼座
绘架座
船底座
唧筒座
雕具座
罗盘座
长蛇座
波江座
天鸽座
船尾座
天兔座
大犬座
银河
猎户座
麒麟座

黄道

本星图标示了晚间面向北方时，夜空中星座的大致方向和相对位置。

鲸鱼座
波江座
天炉座
玉夫座
宝瓶座
凤凰座
南鱼座
猎户座
天鸽座
雕具座
时钟座
杜鹃座
天鹤座
天兔座
绘架座
网罟座
印第安座
显微镜座
摩羯座
大犬座
剑鱼座
山案座
水蛇座
孔雀座
天鹰座
麒麟座
飞鱼座
蝘蜓座
南极座
船底座
南燕座
望远镜座
人马座
银河
船尾座
天燕座
盾牌座
罗盘座
船帆座
南三角座
天坛座
苍蝇座
圆规座
巨蛇座
唧筒座
南十字座
矩尺座
天蝎座
长蛇座
半人马座
豺狼座
蛇夫座
巨爵座
天秤座
乌鸦座
黄道
室女座

本星图标示了晚间面向北方时，夜空中星座的大致方向和相对位置。

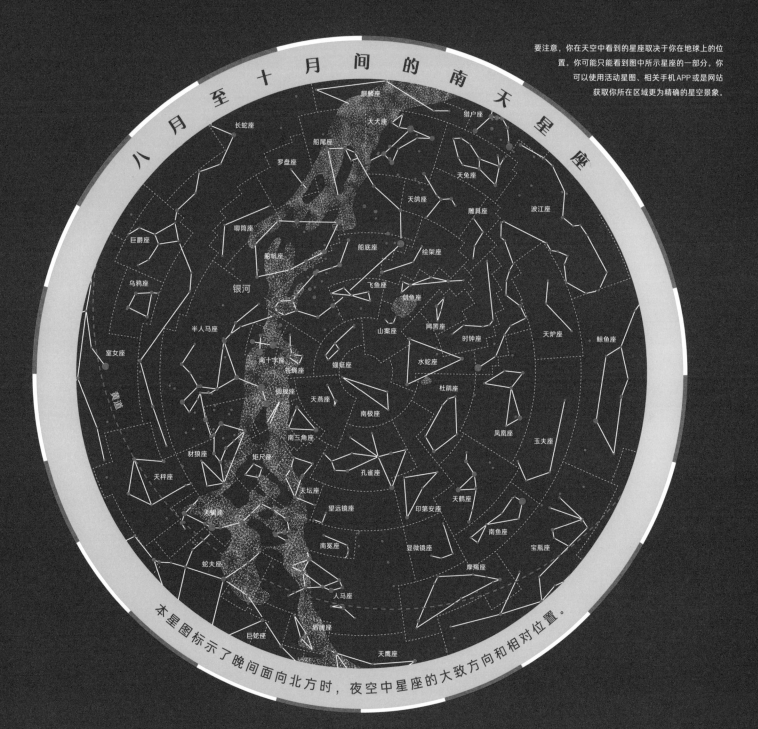

八 月 至 十 月 间 的 南 天 星 座

要注意，你在天空中看到的星座取决于你在地球上的位置。你可能只能看到图中所示星座的一部分。你可以使用活动星图、相关手机APP或是网站获取你所在区域更为精确的星空景象。

麒麟座
长蛇座
大犬座
猎户座
船尾座
罗盘座
天兔座
天鸽座
波江座
唧筒座
巨爵座
船底座
雕具座
绘架座
乌鸦座
银河
飞鱼座
剑鱼座
鲸鱼座
半人马座
山案座
网罟座
天炉座
室女座
南十字座
苍蝇座
水蛇座
黄道
圆规座
天燕座
杜鹃座
豺狼座
南极座
南三角座
凤凰座
天秤座
矩尺座
玉夫座
孔雀座
天坛座
天鹤座
天蝎座
望远镜座
印第安座
南冕座
南鱼座
蛇夫座
显微镜座
宝瓶座
巨蛇座
摩羯座
人马座
盾牌座
天鹰座

本星图标示了晚间面向北方时，夜空中星座的大致方向和相对位置。

201

关于星群

这里列出了一些比较知名的星群，以及它们所在的星座。星群形状特殊，很容易找到，而且其中可能包含一些非常亮的恒星，所以你可以把它们当作寻找星座的工具。并不是所有的星群都位于同一星座内部，有一些星群包含了多个星座中的恒星。

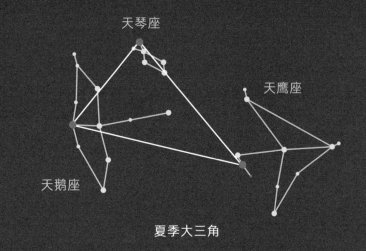

夏季大三角

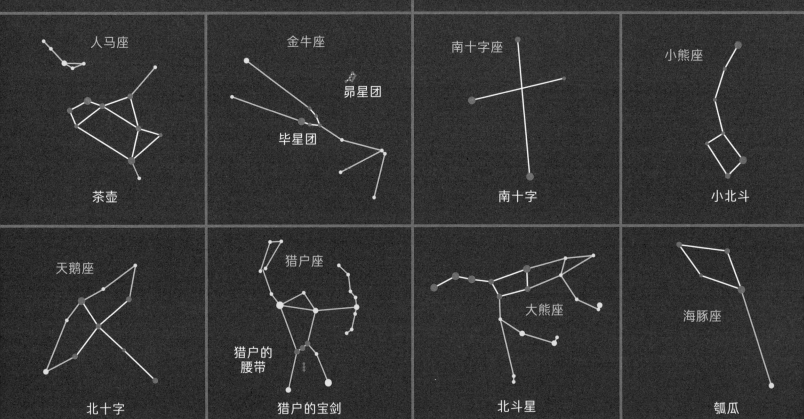

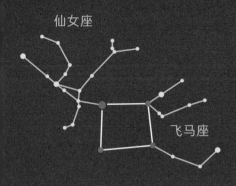

仙女座

飞马座

飞马座大四边形

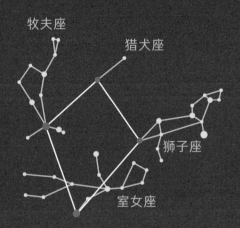

牧夫座

猎犬座

狮子座

室女座

春季大钻石

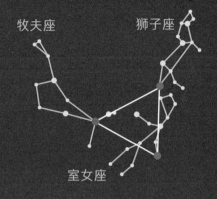

牧夫座

狮子座

室女座

春季大三角

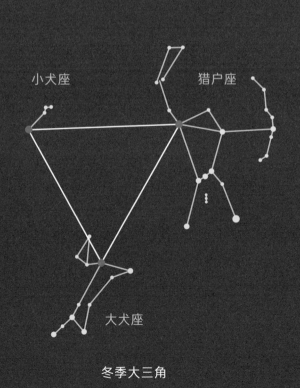

小犬座

猎户座

大犬座

冬季大三角

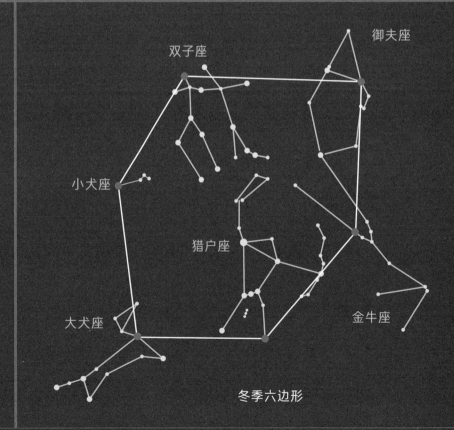

双子座

御夫座

小犬座

猎户座

金牛座

大犬座

冬季六边形

知识拓展

关于天文学

　　你想要学习更多关于宇宙的知识吗？天文学家们不仅了解星星，还了解关于黑洞、引力和太阳的知识。想要了解更多天文学知识，你可以前往图书馆或书店，寻找下面这些书籍，或是在大人的帮助下，访问下面的网站。

书籍

*《DK天文学百科》英国DK出版社 著

*《DK宇宙大百科》（英）马丁·里斯 主编

*《MOVE图鉴·宇宙》日本讲谈社 编

网站

* https://www.ducksters.com/science/astronomy.php

✳ ✳ ✳

关于希腊神话

　　在本书中，你已经认识了一些希腊神话中的人物，但是希腊神话的魅力不止于此。如果你想知道更多希腊神话故事，可以前往图书馆或书店，寻找下面这些书籍，或是在大人的帮助下，访问下面的网站。

书籍

*《多莱尔的希腊神话书》（美）英格丽·多莱尔、（美）爱
　德加·帕林·多莱尔 著绘

*《希腊罗马神话：永恒的诸神、英雄、爱情与冒险故事》
　（美）伊迪丝·汉密尔顿 著

网站

* https://greece.mrdonn.org/myths.html

✳ ✳ ✳

关于不同文明中的星座

　　不同文明中的人们从天空中的恒星里看到了不同的图案。古希腊人认为大熊座是一头熊，古埃及人从这组恒星中看到的却是公牛的腿，美国西北部的苏族人则认为它是臭鼬，而北非居民却觉得它是骆驼！

　　许多不同的古代和现代文明都有自己独特的星座——它们与国际天文学联合会的官方划分完全不同。早在托勒密之前，中国天文学家就用科学方法详细绘制了星图。因纽特人、澳大利亚原住民、南非人、印加人、波利尼西亚人、丘马什人和纳瓦霍人，在探索恒星组成的图案和星座神话故事方面也有着悠久的历史。

　　如果你想要了解其他文明中的星座，可以在大人的帮助下访问下面的网站。

* https://www.legendsofamerica.com/na-astronomyculture/

✳　✳　✳

术语表

希腊神话

奥林匹斯山：希腊最高的山峰，也是神话中众神的故乡，"奥林匹斯众神"的称呼就源于此。

奥林匹斯众神：在宙斯统治时代，奥林匹斯山上统治世界的神明。其中最受崇拜的十二位主神包括宙斯（天空之神，众神之王）、赫拉（宙斯的妻子，英雄和女性的守护者）、波塞冬（海洋之神）、德墨忒尔（农业女神）、雅典娜（智慧女神）、阿波罗（光明、预言与音乐之神）、阿耳忒弥斯（狩猎、月亮女神）、阿瑞斯（战神）、阿佛洛狄忒（美神）、赫菲斯托斯（火与工匠之神）、赫斯提亚（炉灶女神）和赫尔墨斯（众神的信使）。其中赫斯提亚因与人类住在一起，有时候会被排除在十二主神之外，而把位置让给酒神狄俄尼索斯。冥王哈迪斯有时也会被添加到奥林匹斯十二主神中。

半人马：希腊神话中半人半马的生物，其上半身是人首和躯干，下半身是马腿，以性格野蛮、行为恶劣著称。

半神：他们的父母中一位是凡人，一位是不朽的神。

不朽者：一种能够永生的存在。

凡人：与神不同，无法永生，终有一天会死去。

盖娅：希腊神话中的第一位大地女神，世界上所有生命的母亲，也是泰坦的母亲。

黄金时代：希腊神话中人类生活的五个时代（黄金、白银、青铜、英雄、黑铁）中的第一个，是一个和平、繁荣、和谐的时代。

祭品：通常是在祭坛上供奉的动物或食物，有时会被焚烧，以求取神明的保佑或宽恕。

克洛诺斯：乌拉诺斯和盖娅的儿子，是泰坦十二神中最年轻的一个。他在推翻了父亲的残暴统治后，成了第二代众神之王，并领导了希腊神话中的黄金时代。但是，克洛诺斯在得知自己的孩子将会推翻自己的统治之后，就决定把他们都吃掉。

美杜莎：蛇发女妖，凡是看见她的脸的人都会变成石头。

宁芙：希腊神话中生活在大自然的女神，出没于山林、原野、泉水、瀑布、湖泊、大海等各个地方。

涅瑞伊得斯：希腊神话中一群美丽的海仙女，即海宁芙，保护着海中的生命。

萨梯：也被称为萨提儿，希腊神话中半人半羊的林神。居于森林和山峰，头上长着角，人身，山羊腿，还长着山羊尾。

神谕者：能够听到神的话语并将话语传达给人类的人，会为人们提供建议并预测未来。

泰坦：盖娅和乌拉诺斯的子孙，黄金时代统治世界的众神。

宙斯：克洛诺斯最小的儿子，推翻了他父亲和其他泰坦的统治。他认为他和奥林匹斯众神会将世界统治得更好。

天文学

半球：将地球沿着赤道分为两个半球——北半球和南半球。赤道以北的地区，如美国、欧洲各国、中国，都位于北半球。赤道以南的地区，包括澳大利亚、新西兰、南美洲部分国家和非洲南部各国，都位于南半球。

拜耳恒星命名法：恒星的官方命名系统之一，是由约翰·拜耳在其著作《测天图》中提出的恒星系统命名法。一颗恒星的名字由两部分组成：前半部分为希腊字母，后半部分则是恒星所处的星座，例如 Alpha Aries（白羊座 α）。这个系统使恒星的命名更加简化。

北天极：地球自转轴延长与北半天球相交的点，可理解为天空中位于地球北极上方的假想的点。

赤道：一条围绕地球中部的假想的线，把地球分为南北两个半球。

赤道带星座：环绕天赤道（延伸地球赤道面与天球相交的大圆）的星座，在南天和北天星图中都会出现。

大麦哲伦云：即大麦哲伦星系，是一片繁星密布的区域，很像是银河系的一部分，但实际上属于另外一个星系。

多边形：由三条或三条以上的线段首尾顺次连接所组成的平面图形。

工程学：致力于建造复杂物体，如桥梁、建筑物或具有某种功能的复杂工具的学科。

轨道：一个天体在另一个天体引力场中的运动路径。例如，地球沿固定轨道围绕太阳运动。

国际天文学联合会：一个由各个国家的天文学家组成的团体，总部设在巴黎。其目标是和世界各地研究恒星和行星的科学家一起促进天文学的发展。

拱极星座：分布在天极附近，看起来在围绕南天极或北天极运动的星座，不会从地平线上升起或落下。

黄道：地球一年绕太阳转一周，我们从地球上看成太阳一年在天空中移动一圈，太阳这样移动的路线叫作黄道。

经度：经线是指假定的沿地球表面连接南北两极而跟赤道垂直的线，也叫子午线。经度是指地球表面东西距离的度数，以本初子午线为0°，以东为东经，以西为西经，东西各180°。

南天极：地球自转轴延长与南半天球相交的点，可理解为天空中位于地球南极上方的假想的点。

天球仪：天球的模型，一种用于航海、天文教学和普及天文知识的辅助仪器。天文学家为研究天体的位置和运动，假想天体分布在以观测者为球心、以无限长为半径的球面上，这个球面叫天球。

天体：指太空中的物体，包括行星、恒星、星团、星云等。

天文台：专门进行天象观测和天文学研究的机构，大多设在山上，是看星星的好地方。

天文学：研究天体的结构、形态、分布、运行和演化等的学科。

纬度：纬线是指假定的沿地球表面跟赤道平行的线。纬度是指地球表面南北距离的度数，以赤道为0°，赤道以北为北纬，以南为南纬，南北各90°。靠近赤道的叫低纬度，靠近南北极的叫高纬度。

物理学：研究物质运动最一般规律和物质基本结构的学科。

星群：恒星组成的集团，没有被国际天文学联合会官方认可。

银河：横跨夜空的一条乳白色光带，由银河系中数不清的恒星和星云组成。银河系是地球所在的星系。

占星术：研究天体及其位置对地球上人类日常生活影响的学说，是一种伪科学。

索 引

图书在版编目（CIP）数据

看星星 / （加）萨拉·吉林厄姆著；张涵译 . -- 长
沙：湖南美术出版社，2023.2
ISBN 978-7-5356-9909-1

Ⅰ . ①看… Ⅱ . ①萨… ②张… Ⅲ . ①星座－普及读物
Ⅳ . ① P151-49

中国版本图书馆 CIP 数据核字 (2022) 第 186370 号

KAN XINGXING
看星星

出 版 人：黄　啸
著　　者：［加］萨拉·吉林厄姆　　　　　译　　者：张　涵
出版策划：北京浪花朵朵文化传播有限公司　　出版统筹：吴兴元
责任编辑：王管坤　　　　　　　　　　　　　特约编辑：康晴晴　左　宁
营销推广：ONEBOOK　　　　　　　　　　　装帧制造：墨白空间·闫献龙
出版发行：湖南美术出版社（长沙市东二环一段 622 号）
　　　　　后浪出版公司
印　　刷：鹤山雅图仕印刷有限公司　　　　开　　本：950×1320　　1/24
印　　张：9　　　　　　　　　　　　　　　字　　数：146 千字
版　　次：2023 年 2 月第 1 版　　　　　　印　　次：2023 年 2 月第 1 次印刷
书　　号：ISBN 978-7-5356-9909-1　　　　定　　价：172.00 元

读者服务：reader@hinabook.com 188-1142-1266　　投稿服务：onebook@hinabook.com 133-6631-2326
直销服务：buy@hinabook.com 133-6657-3072　　　网上订购：https://hinabook.tmall.com/（天猫官方直营店）

后浪出版咨询（北京）有限责任公司　投诉信箱：copyright@hinabook.com　fawu@hinabook.com
本书若有印装质量问题，请与本公司联系调换。电话：010-64072833